MATERIE – LEBEN – GEIST

ERFAHRUNG UND DENKEN

Schriften zur Förderung der Beziehungen zwischen Philosophie und Einzelwissenschaften

Band 56

Materie – Leben – Geist

Zum Problem der Reduktion der Wissenschaften

Herausgegeben

von

Prof. Dr. Bernulf Kanitscheider

DUNCKER & HUMBLOT / BERLIN

Inhaltsverzeichnis

Physik und Leben

Kann Biologie zur Physiko-Chemie reduziert werden?

Die Psychologie und das Problem der Einheit der Wissenschaften

Theologische Erwägungen zum Thema Weltbild

Begriffliche und materiale Einheit der Wissenschaft

Vorwort

Von Bernulf Kanitscheider

Bis vor wenigen Jahren gehörte zum festen Bestand der vom logischen Empirismus motivierten analytischen Philosophie die Überzeugung, daß jedes sinnvolle Problem entweder durch fachwissenschaftliche Forschung oder durch logische Analyse *allein* gelöst werden kann. Unter dem Einfluß von *Wittgensteins* „Traktat" hatte sich die Meinung verfestigt, daß jeder Versuch einer synthetisch-philosophischen Betrachtungsweise, bei der einzelwissenschaftliche Ergebnisse zu einer höheren Einheit zusammengesetzt werden, von vornherein zum Scheitern verurteilt ist; weil eine solche Verbindung niemals eine empirische Entscheidung bezüglich der Wahrheit eines der synthetisierten Elemente herbeiführen kann und überdies ein derartiges sprachliches Gebilde nicht mehr auf der gleichen Ebene liegt wie die Sätze der Wissenschaft selbst, ist sie zur Klasse des Unsinns zu rechnen. Es gehört zu den besten Seiten der analytischen Philosophie, daß diese voreilige Restriktion mit der eigenen Methodik überwunden wurde. W. V. O. *Quine* (1960) hat gezeigt, daß der Vergleich verschiedener begrifflicher Schemata den Aufstieg zu einer höheren linguistischen Ebene (temporary linguistic ascent) notwendig macht und daß es ein genuines philosophisches Ziel ist, eine Sprache zu finden, die ökonomisch im ontologischen commitment und doch genügend ausdrucksreich ist, um die Gesamtwissenschaft zu formulieren. Von der formalen auf die materiale Redeweise übertragen kann man *Quines* semantischen Aufstieg als die einfachste Theorie ansehen, in der vermittels einer Art Synopsis die Teilresultate der Wissenschaft eingebettet werden.

Eine synthetische Philosophie (*Smart* 1968) will demnach gar nicht Wahrheitswerte an faktische Aussagen neu verteilen, sondern ein einheitliches Denkschema entwerfen, in dessen Rahmen Einzelergebnisse von Spezialdisziplinen auf Grund ihres logischen, semantischen, methodischen, materialen Zusammenhangs in einen weiteren begrifflichen Rahmen gestellt werden. Aus dieser Bestimmung geht schon hervor, daß analytische und synthetische Philosophie keineswegs Alternativen der Betrachtungsweise darstellen. Ganz im Gegenteil, beide Arten von Wissenschaftsphilosophie überlagern sich fast ständig. Liebt man eine algebraische Analogie, so kann man die synthetische Philosophie als vektorielle Superposition von analytischer Philosophie und Naturwissenschaft ansehen, wobei die beiden Basisvektoren jeweils die Eigenzustände kennzeichnen, die autonom existieren können, während die nichttrivialen Sätze der Naturphilosophie immer eine Überlagerung (kein Gemenge!) beider Komponenten bilden. Die synthetische Philosophie ist der legitime Nachfolger der traditionellen Naturphilosophie, die aber aus historischen Gründen vor allem in Deutschland kein hohes Ansehen genießt. Für die synthetische Philosophie wie für die klassische Disziplin der Naturphilosophie gilt gleichermaßen, daß beide einen materialen Aussageanspruch erheben und die philosophische Tätigkeit nicht auf sprachliche Strukturanalyse einschränken, die den Wissenschaftsaufbau ganz allgemein betrifft, die methodischen Differenzen zwischen den Fächern und damit den Unterschied in den Objektklassen aber außer Acht läßt. Die synthetische Philosophie unterscheidet sich andererseits von einer Naturphilosophie, wie sie im deutschen Idealismus betrieben, aber auch noch heute in der aristotelisch-thomistischen Tradition fortgeführt wird, dadurch, daß die beiden letzten einen unabhängigen, objektgerichteten, gegenüber den Fachwissenschaften autonomen Aussagegehalt für sich beanspruchen und dieses Ziel vermittels einer eigenständigen „philosophischen" Methode erreichen wollen. Eine synthetische Philosophie in der analytischen Tradition kann aber niemals eine eigenständige „Wesenseinsicht" in die Realität anstreben. Sie basiert auf der Voraussetzung, daß alles, was wir über die Welt wissen können, von den Wissenschaften selbst zutage gefördert werden muß. Eines der genuinen Themen der synthetischen Philosophie sind Grenzfragen zwischen den Wissenschaften und ein typisches Problem der Wissenschaftsangrenzung ist wiederum das der Einheit der Wissenschaft. Es zeigt alle Merkmale der Verschränkung von begrifflichen und materialen Komponenten in der für eine synthetische Philosophie charakteristischen Weise. Eine Schlüsselrolle kommt der sprachlichen Klärung des Emergenz- und Reduktionsbegriffes zu; eine solche Klärung kann aber wiederum nicht ohne Blick auf das tatsächliche Angrenzen der vorhandenen wissenschaftlichen Disziplinen durchgeführt werden; linguistisch-strukturale Analyse und jeweiliger Stand des Wissens über das Verhältnis der kognitiven Ebenen, wie er sich im Selbstverständnis der Einzelwissenschaften widerspiegelt, stehen hier in einem Rückkopplungsverhältnis. Jede erreichte terminologische Abgrenzung muß wieder in den tatsächlichen theoretischen Aufbau einer Wissenschaft versuchsweise eingespeist werden und gegebenenfalls wird aus der Undurchführbarkeit oder Unzweckmäßigkeit einer Unterscheidung wieder die Aufforderung zu einem neuen Vorschlag herrühren. Daraus ergibt sich, daß die rein strukturale

Metatheorie der Einzelwissenschaft keineswegs sprachliche Vorschläge mit normativem Charakter macht, die diese befolgen muß, wenn sie nicht gegen eine feststehende Menge von Forschungskriterien verstoßen will; andererseits ist die metatheoretische Eigendynamik der faktischen Wissenschaft aber auch nicht so autonom, daß sie keines Vorschlages von seiten der Sprachanalytiker bedürfte. Erst ein vielfaches „feed-back" kann approximativ zu einem befriedigenden Ergebnis bezüglich eines so facettenreichen Komplexes wie der Einheit der Wissenschaft führen.

Aus diesen Überlegungen wird sehr deutlich, daß auch ein kleiner Schritt in Richtung auf eine Klärung des wechselseitigen Verhältnisses der zersplitterten Teile der Wissenschaft nur im multidisziplinären Ansatz erfolgen kann. Dies war auch die Leitlinie für das vorliegende Buch. Die Beziehung eines Faches zu seinen logischen und semantischen Nachbarn, die mögliche Eingliederung seiner Erkenntniserrungenschaften in den Gesamtverband der Wissenschaft kann nur durch Zusammenarbeit zwischen philosophisch reflektierenden Einzelwissenschaftlern und den inhaltlichen Ergebnissen aufgeschlossenen Philosophen behandelt werden. So tauchte der Gedanke auf, in einem Probelauf im Rahmen eines interdisziplinären Ringseminars die Zusammenarbeit und die Abstimmung in den Methoden zu testen. Der gute Erfolg und das allseitige Interesse ermutigte uns, mit dem Ergebnis der Diskussionen und Gespräche an die weitere Öffentlichkeit zu treten. Sicher gibt es viele Möglichkeiten, eine Publikation zur Einheit der Wissenschaft zu gestalten. Um so wenig wie möglich irgendwelche Barrieren emotionaler Art in der Reduktionsfrage aufzubauen, sollte im Titel die heute wohl unbestrittene Tatsache zum Ausdruck kommen, daß die drei Großbereiche in der angegebenen Reihenfolge in unserem Universum aufgetaucht sind. Dies allein und keine unterschwellige Vorentscheidung zugunsten einer speziellen Reduktionsrichtung bestimmte auch die Reihenfolge der Beiträge.

Aus diesen Überlegungen heraus hat zuerst der Physiker das Wort. Als grundlegende Theorie der Materie fungiert gegenwärtig die Quantenmechanik. Aber wie weit reicht ihr Geltungsanspruch? Sind auch Systeme von dem Komplexitätsgrad eines Tieres oder gar eines bewußten, denkenden Lebewesens durch einen Strahl im Hilbert-Raum charakterisierbar und läßt sich im Prinzip ein hochkomplizierter Hamilton-Operator finden, der die Dynamik eines solchen Systemes beschreibt? Die Physiker selbst sind sich hier durchaus nicht einig. Auf der einen Seite wird bei der Behandlung des quantenmechanischen Meßprozesses nicht nur das Objekt, sondern auch der Apparat (*v. Neumann*) und manchmal sogar der Beobachter (*Cooper, v. Vechten*) durch die Theorie erfaßt, auf der anderen Seite vertreten Theoretiker (*Ludwig*) die absolute Geltungsbegrenzung der Quantenmechanik auf Mikroobjekte und sehen in ihr nur einen Grenzfall einer noch zu entdeckenden umfassenderen Theorie, die auch hochorganisierte Makroobjekte deckt. In dieser Streitfrage argumentieren *Primas* und *Gans* von einem sehr abstrakten Standpunkt aus. Sie behandeln die Quantenmechanik nicht als Theorie der atomaren Bausteine der Materie, sondern als die „allgemeinste physikalische Theorie von Objekten überhaupt". Von diesem quantenlogischen Ansatz her, der eine axiomatisierte Quantenmechanik ohne spezifische Dynamik oder Kinematik, ohne Elementarteilchen, Wirkungsquantum oder Raumstruktur zugrunde legt, erscheint die Quantenmechanik als universal gültige globale Muttertheorie für die molekulare Materie in allen ihren Erscheinungsformen, eingeschlossen biologische und mentale Systeme, auch wenn über die entsprechenden Tochtertheorien noch keine Aussage gemacht werden kann. Unter dieser Voraussetzung hätte man Mikro- und Mesobereich (wenn auch nicht Megabereich) durch eine Universaltheorie grundsätzlich im Griff, allerdings in einer vermittelten Weise, da die globale Muttertheorie gar keine direkt beobachtbaren Phänomene liefert; die Tochtertheorien, die in die Universaltheorie eingebettet sind, gewinnt man aus der Muttertheorie in der Sprechweise von *Primas* und *Gans* durch eine Brechung der holistischen kinematischen Symmetrie der Quantenmechanik, d. h. durch die Wahl eines bestimmten epistemischen Aspektes. Damit ist eine einheitliche Erfassung der Natur konzipiert, die, durch eine fundamentale Theorie begründet, Raum für emergent Neues läßt und autochthone Begriffsbildungen bietet.

Geradezu prädestiniert dazu, über das begriffliche Angrenzen der materialen an die organische Ebene zu sprechen, ist natürlich der Biophysiker, da diese Disziplin schon vom Namen her eine Brückenfunktion suggeriert. Der Beitrag *Kiefers* will die Besonderheit der Biosysteme auch gegenüber einer erfolgreich verwendeten physikalischen Methodik herausstellen. Die traditionelle Mechanismus-Vitalismus-Auseinandersetzung hat vor allem unter Berücksichtigung der Thermodynamik irreversibler Prozesse, welche es quantenmechanisch verstehen läßt, daß Organismen, d. s. offene Systeme, die im Fließgleichgewicht mit ihrer Umgebung stehen, keine Verletzung einer physikalischen Gesetzlichkeit bedeuten, einem Nachfolgeproblem Platz gemacht. Man sucht nun nicht mehr nach einer lebensspezifischen, von der physikalisch-materialen Ebene kausal völlig entkoppelten Größe, sondern bemüht sich, die Besonderheit und autonome Gesetzlichkeit von Biosystemen physikalisch zu verstehen.

Schon aus den beiden vorstehenden Analysen wird deutlich geworden sein, wieviele begriffliche Schwierigkeiten, wieviel Anlaß zu terminologischer Verwirrung durch Vagheit und Vieldeutigkeit von Schlüsseltermen der ganzen Einheitsproblematik zugrunde liegt. So erschien es wesentlich, einen Wissenschaftstheoretiker der Biologie zu Wort kommen zu lassen, um eine Übersicht über die Diskussion zu gewinnen, wie sie einerseits innerhalb der analytischen Philosophie, andererseits zwischen Philosophen und Biologen geführt worden ist. Der Beitrag *Kochanskis* läßt den Leser die außerordentliche Verzweigtheit der begrifflichen Situation spüren und in seiner kritischen Stellungnahme die Vielzahl von Schlingen und Fallen erkennen, die mit dem Reduktionsproblem verbunden sind. Wichtig erscheint in diesem Zusammenhang vor allem die Frage zu sein, ob die gegenwärtig existierende biologische Gesetzesmenge, die nach vorherrschender Ansicht nicht durch logische Ableitung aus den derzeit gültigen Fundamentalgesetzen der Physik gewonnen werden kann, nicht von einer zukünftigen, nomologisch reicheren Physik deduzierbar wird, wobei der heuristische Hinweis auf eine entsprechende Erweiterung gerade von der Biologie ausgehen müßte.

Psychische Systeme sind biologische Systeme ganz besonderer Art. Scheint die Reduktion bestimmter chemischer Grundgesetze auf physikalische Zusammenhänge geglückt zu sein, existiert zumindest das Forschungsprogramm, die wichtigsten biologischen Beziehungen über die Chemie — oder aber auch unter Auslassung dieser Stufe — auf die Quantenmechanik zurückzuführen, so wird für mentale Systeme fast durchwegs in Anspruch genommen, daß sie und erst recht die soziale Realität und damit die Historie als deren dynamischer Aspekt eine ontologische Sonderstellung beanspruchen, daß sie jenseits jeder möglichen materialen und damit auch methodischen Einheit von den anderen Objektbereichen existieren. *Dörner* zeigt anhand von unterscheidenden Schlüsselmerkmalen wie Intransparenz, Ganzheitlichkeit und Selbstreflexivität, daß diese zwar durchaus charakteristisch sind für die Eigenart bewußter Systeme, ihr Vorhandensein aber noch keinesfalls eine grundsätzliche Abspaltung des psychischen vom physischen Bereich begründen kann, da alle diese Merkmale als auch von künstlichen informationsverarbeitenden Systemen modellierbar vorgestellt bzw. mit der einheitlichen analytischen Methodik aufgearbeitet werden können.

Für einen rein naturalistisch eingestellten Wissenschaftler oder Philosophen wäre die Reihe der nach dem Komplexitätsgrad geordneten Systeme mit dem erkenntnisproduzierenden reflexiven mentalen Lebe-

wesen abgeschlossen; allenfalls würde sich noch die Frage nach der Reduzierbarkeit der sozialen Eigenschaften auf ein statistisches Ensemble von
denkenden Organismen und die eventuelle Gewinnung der historischen
Gesetzmäßigkeit aus der Zeitabhängigkeit dieses Ensembles stellen. Bis
hierher wäre aber noch nicht der natürliche Bereich unseres realen Universums verlassen. Seit Jahrtausenden ist aber die philosophische Disziplin der Metaphysik und ex officio die Theologie mit der Frage befaßt,
ob und wie eine Einbettung des natürlichen Universums in eine umfassendere transzendente Wirklichkeit denkbar ist. Wenn man der Meinung ist, daß es Indizien gibt, die eine solche ontologische Erweiterung
rechtfertigen, dann stellt sich die Frage, wie die Lehre von den transzendenten Objekten sich in das Gesamtkonzept einer Einheit der Wissenschaft fügt. *Link* sieht den Weg auf ein ganzheitliches Weltbild hin allerdings nicht primär in der Setzung einer umfassenderen Wirklichkeit vorgezeichnet, sondern in einem Reflektieren aller einzelwissenschaftlichen
methodischen Aspekte, in einem Sichten der Erkenntnishorizonte. Dabei
zeigt sich, so die These des Theologen, daß die Transzendenz nur insofern
mit der natürlichen Welt in Kontakt kommt, als sie eine Antwort auf die
Frage nach dem Grund für die bestimmte kontingent vorgefundene ge-
setzesartige Strukturierung der Welt anbietet, deren Vorhandensein für
den Fachwissenschaftler selbst eine unüberschreitbare Erklärungsgrenze
darstellt. Er kann zwar nach dem fundamentalsten Naturgesetz der Welt
suchen; sollte er es aber wirklich einmal gefunden haben, sei es in Form
einer nicht-Abelschen Eichtheorie (*Weinberg*) oder einer nichtlinearen
Spinorfeldtheorie (*Heisenberg*), die dann alle bekannten Wechselwirkungen umfassen, muß er diese einheitliche Struktur als letztgegeben hin-
nehmen.

Die Aufgabe des Philosophen im Rahmen des vorliegenden Themas
besteht in erster Linie in der Ordnung und Klärung von vieldeutigen und
vagen Termen mit zentraler Bedeutsamkeit für die gegenwärtige Problematik. Die Einheit der Wissenschaft kann in vielerlei Formen angestrebt
werden; es ist aber möglich, unter diesen Arten eine komparative Ordnung zu finden, derart, daß man sinnvoll von der Stärke der Einheitlichkeit bei einem bestimmten Entwicklungsstand des Wissens sprechen kann.
Es läßt sich darüber hinaus zeigen, daß das Anstreben der Einheit in
einem starken nomologischen Sinn nicht nur ein ästhetisches Ganzheits-
bedürfnis befriedigt, sondern ein Forschungsprogramm darstellt, das konkrete Erkenntnisvorteile für eine erfolgreiche Wissenschaftspraxis bietet.

Quantenmechanik,
Biologie und Theoriereduktion

Von Hans Primas und Werner Gans

1. Die Quantenmechanik in moderner Sicht

1.1 Die Quantenmechanik in der Pionierzeit

Im Laufe der historischen Entwicklung der Physik haben sich einige Theorien herauskristallisiert, welche für große, aber wohlabgegrenzte Bereiche von experimentell zugänglichen Naturphänomenen eine sowohl theoretisch ansprechende als auch praktisch nützliche Darstellung und Erklärung geben. Überraschend ist dabei, daß sich die Gültigkeitsgrenzen guter Theorien (wie etwa der *Newton*schen Mechanik, der *Maxwell*schen Elektrodynamik oder der *Clausius*schen Thermodynamik) nach unwesentlichen Modifikationen im mathematischen Formalismus durchwegs als weit umfassender erwiesen haben, als von ihren Begründern ursprünglich angenommen wurde. Allerdings sind diese modernen Fassungen kaum Erweiterungen im Sinn und Geist der Schöpfer der ursprünglichen Theorien, denn sie bedingen eine neue Art des Lesens der klassischen Theorien. Es wäre töricht zu sagen, die Schöpfer der großen physikalischen Theorien hätten ihre eigenen Erkenntnisse nicht verstanden, aber sie konnten umfassendere Zusammenhänge noch nicht sehen. Die Entwicklung der physikalischen Denkweise ist die Entwicklung der Kunst des Sehens physikalisch relevanter Verknüpfungen; sie ändert kaum den mathematischen Formalismus einer Theorie, bedingt aber oft eine tiefgreifende Änderung der Interpretation ihrer formalen Strukturen. Eine solche Uminterpretation wird dann als zulässig und sinnvoll betrachtet, wenn sie uns erlaubt, die altbekannten Phänomene in einen größeren Zusammenhang zu stellen, neue Bezüge zu sehen und neue Probleme zu meistern.

In dieser Beziehung ist die vor einem halben Jahrhundert entstandene Quantenmechanik ein extremer Fall. Von ihren Schöpfern wurde die Quantenmechanik als *Theorie der Atome* konzipiert und als tiefgreifende Verallgemeinerung der *Newton*schen Mechanik verstanden. Dabei wurde der radikale Umbau der begrifflichen Grundlagen keineswegs übersehen, doch spürt man heute an der beharrlichen Betonung der Dualität von Teilchen und Wellen, an der wichtigen Rolle des Korrespondenzprinzips und an der Terminologie (z. B. „Quantisierung"), in welch großem Umfang die Quantenmechanik von 1930 noch in die geistige Welt der klassischen Physik eingebettet war. Aus dieser Sicht mußte die Tatsache, daß beispielsweise Ort und Impuls nicht gleichzeitig scharf meßbar sind, als Krise, ja als Skandal erscheinen.

Wesentlich für die weitere Entwicklung der Quantenmechanik war, daß man einen modus vivendi mit diesen Ungereimtheiten fand und sich zunächst dem formalen Ausbau der Theorie und ihrer empirischen Bewährung widmen konnte. Mit den zusammenfassenden Darstellungen von *Dirac* [1], *von Neumann* [2] und *Pauli* [3] erreichte der formale Rahmen der Quantenmechanik zu Beginn der dreißiger Jahre einen ersten Abschluß. Im folgenden werden wir die in diesen Werken skizzierte Theorie die Quantenmechanik der Pionierzeit, oder kurz die *Pionierquantenmechanik* nennen. Für eine erkenntnistheoretische Würdigung ist es wesentlich, die moderne Quantenmechanik klar von der Pionierquantenmechanik abzugrenzen. Die Pionierquantenmechanik gab und gibt heute noch eine brauchbare Ausgangsbasis zur theoretischen Beschreibung einer großen Zahl von physikalischen und chemischen Phänomenen, sie ist aber noch nicht eine in sich geschlossene, logisch voll konsistente und voll interpretierte Theorie. Die begrifflich nicht vollständig gelösten Probleme der Pionierquantenmechanik werden (nicht ganz treffend) als „Probleme des quantenmechanischen Meßprozesses" bezeichnet und sind im Rahmen der Pionierquantenmechanik kaum in einer befriedigenden Weise lösbar (vergleiche dazu die ausführlichen Darstellungen von *Jammer* [4, 5] und *d'Espagnat* [6]).

1.2 Ingenieurquantenmechanik und ihre empirische Bestätigung

Für den Ingenieur selbstverständlich, für den Philosophen aber vielleicht zunächst überraschend ist die Tatsache, daß eine mathematisch gut ausgebaute, aber nicht notwendigerweise in jeder Beziehung logisch konsistente Theorie selbst in einer recht dürftigen Interpretation empirisch hervorragend bestätigt sein kann. Der scheinbare Widerspruch findet seine Erklärung darin, daß kein Experimentalphysiker, Chemiker oder Ingenieur die Pionierquantenmechanik als axiomatische Theorie versteht. Der Praktiker hat genügend Erfahrung, um die Pionierquantenmechanik cum grano salis anzuwenden. Dabei werden ausdrücklich oder auch stillschweigend zusätzliche Ad-hoc-Annahmen gemacht, die als „offensichtlich vernünftig" gelten, aber theoretisch nicht erwiesen sind. Solche Theorien sind etwa die Quantenchemie (chemische Bindung, chemische Kinetik, chemische Spektroskopie), die Theorie der Festkörper, die Quantenelektronik (Laser und Maser), die Quantenstatistik (Phasenübergänge), die Theorie der Supraleitung und der Suprafluidität. Wir werden solche durch gute Ad-hoc-Annahmen modifizierten Versionen der Pionierquantenmechanik *Ingenieurtheorien* nennen. Sieht man von unzulässigen Übertreibungen (wie Quantenbiologie, Quantenpharmakologie) einmal ab, so haben diese Ingenieurtheorien durchaus einen respektablen Status als mathematisch präzis formulierte Theorien. Ohne Ausnahme sind sie im molekularen Bereich empirisch hervorragend bestätigt und liefern durchwegs ausgezeichnete Voraussagen für das Verhalten der Materie, selbst unter extremen Bedingungen (wie sie etwa in der Astrophysik auftreten). In diesem Sinn darf man behaupten, daß die auf die Pionierquantenmechanik sich gründende *Ingenieurquantenmechanik wohl die empirisch am besten verifizierte naturwissenschaftliche Theorie überhaupt ist.*

Im allgemeinen wird angenommen, daß die plausiblen Ad-hoc-Annahmen der Ingenieurtheorien bei einem entsprechenden mathematischen Aufwand auch aus der fundamentalen Theorie hergeleitet werden können. Dabei wird von den Praktikern häufig übersehen, daß viele der von ihnen als fundamental benutzten Begriffe (z. B. die Existenz von *Born-Oppenheimer*-Potentialen oder Kristallfeldpotentialen) keineswegs aus den ersten Prinzipien der Theorie hergeleitet wurden. Heute ist sicher, daß die empirisch so gut bestätigte Ingenieurquantenmechanik *nicht* im vollen Umfang aus der Pionierquantenmechanik hergeleitet werden kann. Allerdings ist diese Tatsache in keiner Weise mehr beunruhigend, da die Pionierquantenmechanik überholt ist und nur noch eine historische Bedeutung hat.

1.3 Die moderne Quantenmechanik ist mehr als eine Verallgemeinerung der Newtonschen Mechanik

Die moderne Quantenmechanik kann kaum aus der Sicht der klassischen Physik verstanden werden, sie erfordert eine grundsätzlich neue geistige Einstellung. Rückblickend können wir den Beginn der neuen Ära mit drei voneinander unabhängigen Beiträgen von *Birkhoff* und *von Neumann* [12], *Strauss* [13], und *Husimi* [14] ansetzen. Allerdings blieben diese Arbeiten über zwei Jahrzehnte fast unbeachtet; ihre Bedeutung wurde erst im Rahmen der Axiomatisierung der modernen Quantenmechanik gewürdigt[1].

Wir sehen heute in der Quantenmechanik nicht so sehr einen Ersatz für die überholte *Newton*sche Mechanik, sondern eher die allgemeinste physikalische Theorie von Objekten überhaupt. Im Vergleich zu den klassischen Theorien der Physik ist die Quantenmechanik viel weniger an ein bestimmtes Substrat gebunden. Die moderne Axiomatik führt zu einer klaren Trennung des logischen Gerüsts und der speziellen kinematischen Struktur. Der logische Apparat einer physikalischen Theorie legt die Regeln fest, nach denen in der Theorie argumentiert wird, enthält aber im Detail weder eine spezifische Dynamik noch eine Kinematik. Der Logikkalkül der Quantenmechanik wird oft als *Quantenlogik* bezeichnet, er setzt weder die Existenz von Elementarbausteinen oder eines Wirkungsquantums noch den dreidimensionalen physikalischen Raum voraus. Diese Begriffe werden im modernen systematischen Aufbau der Quantenmechanik erst später durch Symmetriebetrachtungen eingeführt. Beispielsweise werden in der nichtrelativistischen Quantenmechanik Raum und Elementarteilchen durch Darstellungen der Galileigruppe definiert.

1.4 Die Quantenmechanik kann ontisch interpretiert werden

Der Formalismus der Pionierquantenmechanik erlaubt die Berechnung des statistischen Erwartungswerts einer bestimmten Eigenschaft *nach* einer idealen Messung. Im Gegensatz zu der klassischen Physik führt in der Quantenmechanik die Annahme, daß die gemessene Eigenschaft dem System immer bereits *vor* der Messung zukomme, zu logischen Widersprüchen. Beharrt man auf der Gültigkeit der zweiwertigen klassischen Aussagenlogik, so folgt, daß quantenmechanische Eigenschaften nicht objektivierbar sind.

Ein Verzicht auf die Objektivierbarkeit der Naturbeschreibung ist schwerwiegend, da dadurch jede Art von Realismus verunmöglicht wird. In der Pionierzeit der Quantenmechanik schienen die erkenntnistheoretischen Probleme so gewaltig, daß sich zunächst eine Resignation auf eine engherzige positivistische Position aufdrängte. Akzeptiert man diesen Standpunkt zusammen mit der Arbeitshypothese der universellen Gültigkeit der Quantenmechanik für jede Form der molekularen Materie, so

---

[1] Eine umfassende Darstellung des Formalismus der modernen Quantentechnik fehlt bis heute, doch gibt es für einzelne Aspekte ausgezeichnete Lehrbücher und Monographien. Man vergleiche etwa [15] - [20].

ist es unvermeidlich, die Frage nach der Realität von Molekeln, von Zellen, von Bakterien und von Steinen als sinnlos abzutun. Es ist wahr, daß eine solche Position logisch möglich und empirisch unwiderlegbar ist. Es sprechen aber doch gewichtige geistesgeschichtliche, gesellschaftliche und psychologische Gründe dafür, eine philosophische Position zu suchen, welche die Theoretiker nicht völlig aus ihrer historischen und gesellschaftlichen Einbettung hinauswirft.

Wir müssen daher einen Entscheid treffen, welche Art von Naturerklärung wir haben möchten. Dieser Entscheid spiegelt sich in der Wahl von gewissen regulativen Prinzipien normativer Natur, welche zu jeder vollständigen naturwissenschaftlichen Theorie gehören. Regulative Prinzipien legen die Beziehung der theoretischen Begriffe mit den allen Menschen gemeinsamen Ideen des menschlichen Geistes fest; sie sind entscheidend wichtig für die kreative Aktivität des Theoretikers, können aber im üblichen naturwissenschaftlichen Sinne weder verifiziert noch falsifiziert werden. Allerdings sind wir bei der Wahl regulativer Prinzipien nicht frei; sie können zwar weder aus dem Formalismus noch aus der Empirie hergeleitet werden, müssen aber sowohl mit der Syntax als auch mit der Semantik der Theorie verträglich sein. Beispielsweise steht fest, daß die in der klassischen Physik allgemein akzeptierten regulativen Prinzipien in ihrer Gesamtheit weder mit dem Formalismus der Quantenmechanik noch mit den experimentellen Tatsachen verträglich sind. Daher müssen gewisse regulative Prinzipien der klassischen Physik verworfen werden, aber es gibt mehrere Möglichkeiten. Wie sollen wir wählen? Da ein Naturwissenschaftler keinen vernünftigen Grund hat, seinen Realitätsbegriff in der Reihe Elektron → Wasserstoffatom → Wasserstoffmolekel → Alaninmolekel → Protein → DNA → Zelle → Bakterium an einer wohlbestimmten Stelle zu ändern, so heißt der offensichtliche Wunsch: *Die regulativen Prinzipien der Quantenmechanik sollen so gewählt werden, daß — cum grano salis — die reale Existenz individueller Molekeln gewährleistet ist.* Im Rahmen des Formalismus der modernen Quantenmechanik ist eine solche Wahl möglich.

Ist der Referent einer Theorie ein individuelles Objekt, so sprechen wir von einer *individuellen Interpretation*; ist der Referent dagegen ein fiktives *Gibbs*sches Ensemble von unendlich vielen nichtkorrelierten Kopien ein und desselben Systems, dann sprechen wir von einer *statistischen Interpretation.* In einer *epistemischen Interpretation* beziehen sich die zeitlichen Aussagen der Theorie auf unser Wissen oder auf die Resultate von Messungen; in einer *ontischen Interpretation* beziehen sich die zeitlichen Aussagen der Theorie auf die Eigenschaften des Systems wie sie „an sich" sind, d. h. ohne Berücksichtigung der Kenntnisnahme durch einen Beobachter. Begnügt man sich mit einer epistemischen Interpretation, so ist es auch in der Quantenmechanik möglich, den Kalkül der epistemischen Aussagen *Boolesch* zu wählen [7, 8]. Die traditionellen Interpretationen der Quantenmechanik sind epistemisch. Die sogenannte Kopenhagener Interpretation [9, 10] ist eine individuelle und epistemische Interpretation mit *Boolescher* Aussagenlogik; die sogenannte orthodoxe Interpretation [2, 11] ist eine statistische und damit epistemische Interpretation mit *Boolescher* Aussagenlogik. Von einer „realen Existenz individueller Molekeln" zu sprechen ist nur in einer individuellen und ontischen Interpretation sinnvoll. Eine solche Interpretation erlaubt eine Objektivierbarkeit quantenmechanischer Eigenschaften unter der Voraussetzung, daß man die klassische *Boolesche* Aussagenlogik durch eine nicht-*Boolesche* Logik ersetzt.

1.5 Die Quantenlogik ist eine Logik zeitlicher Aussagen

Als etwas unmittelbar Gegebenes wird aus der naiven Erfahrung die gerichtete Zeitstruktur von Vergangenheit, Gegenwart und Zukunft übernommen; dementsprechend zeichnet der axiomatische Aufbau der nichtrelativistischen Quantenmechanik von vornherein Zeit und Zeitrichtung aus[2]. Wir glauben heute, daß die fundamentalen Axiome der Quantenlogik nichts mehr und nichts weniger als die Vorbedingungen für die Möglichkeit empirischer Erfahrung ausdrücken. Die durch eine dyna-

---

[2] Bekanntlich existiert noch kein konsistenter mathematischer Formalismus einer genuin relativistischen Quantenmechanik. Eine genuin relativistische Quantentheorie ist notwendigerweise eine Feldtheorie. Bereits das einfachste Beispiel einer solchen Theorie, die Quantenelektrodynamik, ist auch heute noch durch nichttriviale und ungelöste mathematische Schwierigkeiten geplagt. Im Gegensatz zu allen übrigen physikalischen Größen wird in der Quantenmechanik die Zeit nicht durch einen Operator, sondern durch einen Parameter dargestellt. Damit sind zwar kohärente Superpositionen von räumlich lokalisierten Zuständen, aber nicht von Zuständen zu verschiedenen Zeiten erlaubt. Dieser grundsätzliche Unterschied von Raum und Zeit ist die Ursache aller Schwierigkeiten einer relativistischen Quantentheorie. Es sei jedoch betont, daß es trotz dieser tiefliegenden und ungelösten Problematik keine Schwierigkeiten macht, in einer nicht-*Lorentz*invarianten Quantentheorie eine approximativ relativistische Dynamik im Sinne einer Ad-hoc-Korrektur einzuführen, um eine exakte Übereinstimmung von Theorie und Experiment zu erreichen. Im folgenden sei unter „Quantenmechanik" stillschweigend immer eine nichtrelativistische Theorie mit relativistisch korrigierter Dynamik verstanden.

mische Gruppe als Ausdruck einer Zeitevolution ergänzte Quantenlogik bezeichnen wir als *allgemeine Quantenmechanik*, sie ist eine umfassende Theorie zeitlicher Aussagen und bezieht sich auf beliebige Objekte in der Natur.

Die *zeitlosen Aussagen* der Quantenmechanik erfüllen die Gesetze der klassischen *Booleschen* Logik; sie sind immer entweder wahr oder falsch und charakterisieren das betrachtete *System*. Von grundlegender Bedeutung ist die Tatsache, daß die Gesamtheit aller ontischen kontingenten zeitlichen Aussagen nicht den Gesetzen der klassischen Aussagenlogik unterliegt, insbesondere gilt der Satz vom ausgeschlossenen Dritten nicht. Eine ontische kontingente zeitliche Aussage kann entweder wahr, oder falsch, oder unbestimmt sein. Daher bildet die Gesamtheit aller ontischen zeitlichen Aussagen eines Quantensystems keinen *Booleschen* Verband wie bei den klassischen Systemen. Die Axiomatik der allgemeinen Quantenmechanik [16 - 19] führt für die Menge aller ontischen zeitlichen Aussagen zu einem *vollständigen orthomodularen Verband*. Aus technischen Gründen und um den Anschluß an die Pionierquantenmechanik zu erhalten, spezialisiert man dieses allgemeine Resultat und wählt als Aussagenverband speziell einen orthomodularen Verband von Unterräumen eines Hilbertraums (sog. Hilbertraum-Modell der Quantenmechanik) oder, äquivalenterweise, den orthomodularen Verband der Projektoren einer abstrakten W^*-Algebra (algebraische Quantenmechanik).

In einer ontischen Interpretation der Quantenmechanik hat man sorgfältig zu unterscheiden zwischen *potentiell möglichen Eigenschaften* und zu einem bestimmten Zeitpunkt *aktualisierten Eigenschaften*. Eigenschaften, welche nicht gleichzeitig aktualisiert werden können, heißen *inkompatibel*. *Klassische physikalische Systeme* sind dadurch charakterisiert, daß die Menge aller potentiell möglichen Eigenschaften mit der Menge der zu einem festen Zeitpunkt aktualisierten Eigenschaften identisch ist. Mit anderen Worten, in klassischen Systemen gibt es keine inkompatiblen Eigenschaften. Physikalische Systeme mit potentiell möglichen inkompatiblen Eigenschaften heißen *Quantensysteme*[3]. In der Pionierzeit der

---

[3] Die Existenz von solchen in den Zuständigkeitsbereich der Quantenlogik fallenden Systemen hat a priori gar nichts mit dem *Planck*schen Wirkungsquantum zu tun. Beispielsweise ist die Menge der potentiell möglichen Eigenschaften elektrischer Signale (im Sinne der Nachrichtentechnik) größer als die Menge der in einem festen Zeitpunkt aktualisierbaren Eigenschaften. So können etwa Signale endlicher Dauer prinzipiell nicht eine scharfbestimmte Frequenz haben. Speichern wir die Signale auf Schallplatten, so können wir von den

Quantenmechanik hat man die Existenz inkompatibler Eigenschaften häufig als Einschränkung empfunden. Wir wissen heute, daß gerade die Existenz inkompatibler Eigenschaften die Ursache der relativ zu den klassischen Theorien viel reicheren Struktur der Quantentheorie ist. Die von der klassischen abweichende logische Struktur der Quantenmechanik ist entscheidend für unser Verständnis der enormen Vielfalt der molekularen und molekularbiologischen Strukturen. Eine klassische Theorie ist immer ein extremer Spezialfall einer Quantentheorie; sie kann aus dieser erhalten werden, wenn man von der Existenz inkompatibler Eigenschaften abstrahiert. Mathematisch gesprochen: der orthomodulare aber nicht-*Boolesche* Verband der ontischen kontingenten Aussagen enthält *Boolesche* Unterverbände, welche unter geeigneten Bedingungen die Rolle von Aussagenkalkülen klassischer Theorien übernehmen können.

1.6 Die Quantenmechanik ist eine holistische Theorie

In der ontischen Interpretation der Quantenmechanik ist ein *Zustand* zur Zeit t begrifflich definiert als die Menge aller ontischen kontingenten zeitlichen Aussagen, welche zur Zeit t wahr sind. Eine Theorie heißt *holistisch*, wenn in einem System die Zustände seiner Untersysteme den Zustand des Gesamtsystems nicht vollständig bestimmen. In diesem Sinne sind alle klassischen Theorien (wie etwa die *Newton*sche Mechanik, die *Maxwell-Lorentz*sche Elektrodynamik, die Thermodynamik) nicht-holistische Theorien, da in der klassischen Physik die Zustände der konstituierenden Objekte immer den Zustand des Gesamtsystems festlegen. In der Quantenmechanik kann diese Situation nur als extremer Ausnahmefall auftreten. Im allgemeinen haben sogar nichtwechselwirkende Untersysteme eines Quantensystems keine Zustandsbeschreibung, so daß Untersysteme nicht im eigentlichen Sinne als Teilobjekte existieren. Dieser holistische Charakter von Quantensystemen ist eine zwingende Folge der nicht-*Boolesch*en Struktur der Quantenlogik.

Ein quantentheoretisches Objekt ist zunächst eine unteilbare Einheit; es ist nicht zulässig, sich das Gesamtobjekt als aus Teilobjekten zusammengesetzt zu denken. In dieser Beziehung weicht die Quantenmechanik radikal von der in den klassischen Naturwissenschaften vorausgesetzten Ontologie ab. Während in der klassischen Physik Korrelationen immer

---

kontingenten Eigenschaften von Schallplatten-Signalen sprechen. In diesem Sinne ist die Aussage „die Frequenz von *Beethoven*s fünfter Symphonie ist 1000 ± 10 Hz" weder wahr noch falsch: in einem musikalischen Signal ist die Eigenschaft, eine bestimmte Frequenz zu haben, nicht aktualisiert.

auf Wechselwirkungen von Teilobjekten zurückführbar sind, gibt es in der Quantenmechanik auch Korrelationen zwischen nichtwechselwirkenden Systemen; die entsprechenden Zustände heißen dann Korrelationszustände. Auf die überraschende Tatsache, daß Korrelationszustände selbst in wechselwirkungsfreien Systemen möglich sind, haben im Jahr 1935 unabhängig voneinander *Einstein, Podolsky* und *Rosen* [21] und *Schrödinger* [22 - 24] hingewiesen. Das sogenannte *Einstein-Podolsky-Rosen*-Paradoxon ist ein von *Einstein* scharfsinnig ausgehecktes Gedankenexperiment, welches die philosophischen Schwächen und die physikalische Unhaltbarkeit der Quantenmechanik in Evidenz setzen sollte. Heute ist das von *Einstein* [25] als absurd betrachtete Resultat dieses Gedankenexperiments durch eine Reihe schöner Experimente verifiziert. *Theorie und Experiment ergeben übereinstimmend, daß sogar bei um makroskopische Distanzen räumlich separierten Quantensystemen nichtklassische holistische Effekte existieren. Einstein* hat durch sein Paradoxon die Quantenmechanik nicht gestürzt, sondern die ganzheitliche Natur des quantenmechanischen Systembegriffs ans Licht gebracht und damit einen der großen Beiträge zur Quantenmechanik geleistet. Paradoxa treten nur auf, wenn die Begriffsbildungen der Alltagserfahrung unkritisch und fehlerhaft mit den Begriffsbildungen der Quantenmechanik vermengt werden.

Wie kann man in einer ganzheitlichen Theorie Teilobjekte einführen? Die Existenz von nichtklassischen Korrelationen zwischen nichtwechselwirkenden und räumlich getrennten Objekten macht den Systembegriff der klassischen Naturwissenschaften problematisch. Die Idee, daß die Welt durch Kompartimentalisierung beschrieben werden kann, muß revidiert werden. Das einzige, im Sinne der Quantenmechanik absolut existierende Objekt ist das ganze Universum, eine einzige und unteilbare Einheit.

Wechselwirkungsfreie Systeme in Korrelationszuständen heißen gemäß *Schrödinger* [22 - 24] *verschränkte Systeme*; die nicht durch direkte Wechselwirkungen verursachten Korrelationen nennen wir *Einstein-Podolsky-Rosen*-Korrelationen. Diese Korrelationen beschreiben die nichtklassischen, ganzheitlichen Effekte in einem Quantensystem; sie bewirken, daß kein Objekt als von seiner Umgebung wirklich isoliert angenommen werden kann. In einem verschränkten System gilt: „Das Ganze ist mehr als die Kombination seiner Teile" in dem Sinn, daß die Information über das Ganze stets größer ist als die Summe der Informationen über die Teile und ihre Wechselwirkungen.

2. Naturwissenschaftliche Theorien und Theoriereduktion

2.1 Naturwissenschaftliche Theorien als semiotische Systeme

Das von *Hempel* und *Oppenheim* [26] logisch scharf gefaßte deduktive Schema naturwissenschaftlicher Erklärung wird der Praxis nicht gerecht. Einerseits spielt der deduktiv-nomologische Aspekt für die naturwissenschaftliche Forschung an vorderster Front keine ausschlaggebende Rolle, andererseits ist das Explanandum-Ereignis durchaus nicht rein faktisch und unhinterfragbar, sondern mit der Theorie viel enger verknüpft als das *Hempel-Oppenheim*-Schema annimmt. Zudem fehlen in diesem Erklärungsmodell Faktoren (wie etwa die Heuristik), die für den kreativen Forscher von großer Bedeutung sind.

Jede naturwissenschaftliche Theorie vermittelt zwischen der Außenwelt und dem erkennenden Subjekt. Somit haben wir zwei Abbildungen zu betrachten:

a) eine Abbildung des Objektes auf den mathematischen Formalismus der Theorie,

b) eine Abbildung des mathematischen Formalismus auf gewisse Strukturen der Psyche des erkennenden Subjektes.

Von diesem Standpunkt aus ist es zweckmäßig, eine naturwissenschaftliche Theorie nicht als ein hypothetisch-deduktives System, sondern als ein semiotisches System im Sinne von Charles Sanders *Peirce* zu betrachten. Semiotik ist die allgemeine Zeichenlehre, wobei ein „Zeichen" definiert ist als etwas, welches jemandem (dem Interpreten) für etwas (das Objekt) steht. Nach *Morris* [27] besteht ein semiotisches System aus drei Teilen: Syntaktik, Semantik und Pragmatik. Die *Syntaktik* ist die Theorie der Beziehungen der Zeichen untereinander, die *Semantik* die Theorie der Beziehungen zwischen Zeichen und Objekt, und die *Pragmatik* die Theorie der Beziehungen zwischen den Zeichen und ihren Interpreten. In den Theorien der exakten Naturwissenschaften wird die Syntaktik realisiert durch den *mathematischen Formalismus*, der die logisch-mathematische Struktur der Theorie erfaßt. Um die Vollständigkeit und logische Konsistenz der Syntaktik zu sichern, soll im Idealfall der Formalismus einer naturwissenschaftlichen Theorie voll axiomatisiert sein. Die Semantik wird realisiert durch eine *Interpretation*, welche eine Beziehung herstellt zwischen den mathematischen Symbolen und den Objekten, die damit bezeichnet werden. Diese Interpretation muß zu einer gewissen Operationalisierung der Theorie führen, so daß im Idealfall theoretische

Aussagen durch empirische Festellungen verifiziert oder falsifiziert werden können. Die in naturwissenschaftlichen Theorien oft vernachlässigte Pragmatik wird realisiert durch *regulative Prinzipien* normativer Natur; sie beschreibt die psychologischen und gesellschaftlichen Verflechtungen der Theorie. Es ist zu beachten, daß sowohl die Interpretation als auch die regulativen Prinzipien mit dem mathematischen Formalismus verträglich sein müssen, aber weder aus dem Formalismus noch aus der Empirie hergeleitet werden können.

Eine gute Theorie darf keinen der drei Aspekte der Semiotik vernachlässigen, sie sollte anschaulich (im Sinne der Pragmatik), konsistent (im Sinne der Syntax) und richtig (im Sinne der Semantik) sein. Die modernen Theorien der exakten Naturwissenschaften haben eine hochentwickelte Syntax und eine knapp hinreichende semantische Interpretation; logische Konsistenz und empirische Richtigkeit gelten als unabdingbare Forderungen für jedes legitime theoretische System. Das Entstehen einer Naturwissenschaft wird jedoch nicht nur durch experimentelle Tatsachen, sondern in gleichem Maße auch durch die menschliche Phantasie bestimmt. Von einem Verstehen der Natur können wir erst sprechen, wenn eine Theorie sowohl mit den empirischen Daten als auch mit inneren Bildern der menschlichen Psyche übereinstimmt.

2.2 Vergleichbarkeit verschiedener Theorien

Die moderne Naturwissenschaft kann überraschend viele Aspekte der reichen physikalischen, chemischen und biologischen Empirie durch exakte theoretische Begriffsbildungen erfassen. Aber dazu brauchen wir auch heute noch einen bunten Strauß von phänomenologischen Theorien mit recht verschiedenem erkenntnistheoretischem Status. Von philosophischer Seite wird oft kühn behauptet, daß man bereits heute etwa die Chemie auf die Physik reduzieren könne (vergleiche beispielsweise *Oppenheim* und *Putnam* [28]). Daher möchten wir betonen, *daß von einer geglückten Reduktion der Chemie auf die Physik noch keine Rede sein kann.* Dabei handelt es sich nicht darum, daß die beträchtlichen mathematischen Schwierigkeiten einer solchen Reduktion noch nicht bewältigt werden konnten, sondern daß für die meisten chemischen Probleme ein Versuch zur Reduktion infolge begrifflicher Schwierigkeiten überhaupt noch nicht spruchreif ist. Zudem genügen unsere erfolgreichsten Ingenieurtheorien nur selten strengen logischen Ansprüchen und sind häufig auch nicht widerspruchsfrei. Vorgängig jeder Theoriereduktion muß die zu reduzierende Theorie auf eine wenigstens formal konsistente Form gebracht werden. Dieses Desideratum ist etwa für die chemische Thermodynamik seit langem erfüllt; dagegen besitzen wir heute beispielsweise noch keine umfassende, in sich konsistente und empirisch approximativ richtige phänomenologische Theorie der chemischen Kinetik.

Für die naturwissenschaftliche Theorienbildung war der Reduktionismus schon immer eine der wichtigsten Motivierungen. Reduzierende und reduzierte Theorien müssen in semantischer und pragmatischer Beziehung vergleichbar sein, da sonst diese Theorien überhaupt kein vergleichbares Vokabular mehr haben und damit interpretationsmäßig unvergleichbar sind. Daher fordern wir, daß *bei einer Theoriereduktion die adoptierten regulativen Prinzipien und die semantische Bedeutung der theoretischen Begriffe nicht geändert werden dürfen.* Beispielsweise ist es unzulässig, von der üblichen ontischen Interpretation einer phänomenologischen Theorie bei der Reduktion auf eine epistemische Interpretation der Quantenmechanik zu wechseln.

2.3 Die Quantenmechanik als Universaltheorie

Die Arbeitsweise der exakten Naturwissenschaften ist *eine* der vielen möglichen Methoden, sich mit unserer Erfahrungswelt auseinanderzusetzen und das dabei gewonnene Wissen aus einem übergeordneten Prinzip herzuleiten. Die von den Naturwissenschaftern gewöhnlich als selbstverständlich vorausgesetzten Grundhaltungen werden kaum je als besondere Voraussetzung ausgesprochen[4]. Solche stillschweigend gemachten Annahmen dürfen aber nicht übersehen werden und sollen hier als Vor-Urteile bezeichnet werden. Vor-Urteile bestimmen in einem entscheidenden Umfang, ob und zu welchem Preis etwas beobachtet werden kann. Von ihnen hängt es ab, welche Art von Wissenschaft wir treiben. Die Auswirkungen dieser Bedingtheit jeder naturwissenschaftlichen Tätigkeit sind in keiner Weise trivial oder leicht überschaubar. Beispielsweise hat sich das Vor-Urteil, daß der psychische Zustand des Beobachters äußere materielle Phänomene nicht direkt beeinflussen kann, in der

---

[4] Beispielsweise wird oft die unbeschränkte Wiederholbarkeit von Experimenten als konstitutiv für die wissenschaftliche Empirie postuliert. Dabei wird übersehen, daß jedes wie auch immer geartete Experiment ein irreversibler Prozeß sein muß und daher exakt nicht wiederholbar sein kann. Jedes Ereignis ist individuell und einmalig, reproduzierbare Experimente gibt es in Strenge nicht. Erst im Rahmen von sehr speziellen Bedingungen können wir von der Veränderung der Natur durch experimentelle Eingriffe abstrahieren. Ein anderes Beispiel ist die Annahme, daß die klassische zweiwertige Logik einen nichtempirischen Charakter habe.

exakten Naturwissenschaft hervorragend bewährt. Trotzdem scheint eine
direkte empirische Überprüfung dieses Vor-Urteils auf ganz ungewöhn-
liche Schwierigkeiten zu stoßen.

Wenn wir im folgenden von Universaltheorien sprechen, so bezieht
sich die Universalität immer auf einen wohlabgegrenzten Bereich der
Rede, kurz *Universum* genannt („universe of discourse" im Sinne von
deMorgans „Formal logic" von 1847). Dabei ist wohl zu beachten, daß
die physikalische Betrachtungsweise *nie* für sich in Anspruch nimmt, das
Ganze der Natur zu beschreiben; das Universum der Naturwissenschaften ist immer durch eine Reihe von Vor-Urteilen eingeschränkt.

Da sowohl in der Chemie als auch in der Biologie Quantenphänomene
eine wichtige Rolle spielen, muß eine Universaltheorie für den molekularen Bereich auch die Quantenmechanik enthalten. Andererseits ist die
Pionierquantenmechanik als molekulare Universaltheorie ungeeignet, da
sie in ihrer ursprünglichen Form störungsfrei beobachtbare klassische
Eigenschaften (wie etwa die Chiralität von Molekeln, die Molekülstruktur, die Tertiärstruktur von Proteinen) nicht ohne Ad-hoc-Annahmen beschreiben kann. Dieser Einwand trifft für die in Abschnitt 1.5
erwähnte, auf der Quantenlogik basierende allgemeine Quantenmechanik
nicht mehr zu. Diese Theorie erlaubt eine logisch konsistente, individuelle und ontische Interpretation, verzichtet auf eine Ad-hoc-Trennung
von Objektsystemen und Beobachtungsmitteln und enthält die traditionelle Quantenmechanik, die klassischen physikalischen Theorien und die
Theorie der stochastischen Prozesse als Spezialfälle [29]. *Wir haben heute
viele Argumente für und kein einziges ernstzunehmendes Argument gegen
die Arbeitshypothese, daß die allgemeine Quantenmechanik die Universaltheorie für den gesamten molekularen Bereich einschließlich der makroskopischen (aber nicht kosmologischen) Erscheinungsformen der Materie
ist.* Anerkennt man die allgemeine Quantenmechanik als Universaltheorie
aller molekularen Phänomene, so muß man auch den durch den Para-
digmawechsel von der klassischen Physik zur Quantenmechanik erzeugten
neuen Horizont naturwissenschaftlichen Verstehens annehmen. Es ist
dann nicht länger statthaft, chemische und biologische Phänomene in der
Denkweise der klassischen Physik zu beschreiben, welche eine unproble-
matische scharfe Trennung von Objekt und Subjekt voraussetzt.

2.4 Die universelle Quantenmechanik
kennt keine direkt beobachtbaren Phänomene

Der Verband der kontingenten, ontischen zeitlichen Aussagen einer für
ein bestimmtes Universum universell gültigen Quantenmechanik ist irre-
duzibel, d. h. er enthält keine nichttrivialen Aussagen, welche mit allen
übrigen Aussagen kompatibel sind. Klassisch beschreibbare Phänomene
sind prinzipiell störungsfrei beobachtbar und werden in der allgemeinen
Quantenmechanik durch sogenannte *klassische Eigenschaften* erfaßt. Die
den klassischen Eigenschaften entsprechenden zeitlichen Aussagen sind
per definitionem kompatibel mit allen Aussagen der Theorie. Das heißt,
eine Theorie mit einem irreduziblen Aussagenverband kennt keine klassischen Eigenschaften, sondern beschreibt das Universum als unteilbare
Ganzheit. Um die Trennung von Subjekt und Objekt zu erreichen, muß
erst die holistische Symmetrie gebrochen werden. Die Frage nach der
Natur der Außenwelt muß also ersetzt werden durch die Frage: *unter
welchen Bedingungen kann von der Existenz realer Dinge gesprochen
werden, und welche Eigenschaften sind unter diesen Bedingungen potentiell möglich?*

In einer holistischen Universaltheorie wie der allgemeinen Quantenmechanik ist die Realität nicht etwas, das völlig unabhängig vom erkennenden Subjekt existiert. Die Realität ist insofern objektiv, als sie immer
dann eindeutig bestimmt ist, wenn wir uns für eine bestimmte Optik
entschieden haben. Aber die Wahl der Optik ist uns von der fundamentalen Muttertheorie nicht vorgeschrieben. Forschung und wissenschaftlicher Fortschritt ist somit nicht die stufenweise Enthüllung eines irgendwie präexistenten Bildes der Welt, sondern die Schaffung von solchen
Bildern.

2.5 Phänomene sind kontextabhängig

Selbstverständlich gibt es weder voraussetzungslose Erkenntnis noch
vorurteilslose Fakten. Ein unvermeidliches Vor-Urteil für jede empirische
Untersuchung ist die Annahme, daß eine Subjekt-Objekt-Trennung zulässig ist. Damit steht die naturwissenschaftliche Naturbeschreibung unter
dem Bann der cartesischen Symmetriebrechung, nämlich der Aufteilung
der Welt in ein erkennendes Subjekt und eine davon unabhängige objektive Realität der Natur. Die Erfolge der klassischen Naturwissenschaften
sind auf das engste verknüpft mit dieser tiefgründigen Scheidung zwischen
Subjekt und Objekt. Ohne einen solchen Isolationsprozeß wäre naturwissenschaftliche Erkenntnis unmöglich.

Es gibt keine erkenntnistheoretisch haltbare Möglichkeit, in der Quantenmechanik eine absolute und unumgehbare Aufteilung des Universums in ein Objektsystem und ein Subjektsystem zu postulieren. Die Subjekt-Objekt-Trennung — ohne die es keine beobachtbaren Phänomene gibt — wird durch die verwendeten Beobachtungsmittel und durch Abstraktionen erzwungen. Das heißt, *die Realität wird durch Abstraktion konstruiert*. Die holistische Symmetrie einer irreduziblen Universaltheorie kann gruppentheoretisch erfaßt werden. Im Hilbertraum-Modell der Quantenmechanik wird diese umfassende Symmetrie durch die Gruppe sämtlicher unitären Operatoren auf dem Hilbertraum der Quantenzustände beschrieben; sie impliziert die uneingeschränkte Gültigkeit des quantenmechanischen Superpositionsprinzips. Das heißt, in der Universaltheorie ist jeder Zustand des Universums logisch äquivalent zu jedem anderen Zustand. Damit ist auch jede atomare Eigenschaft des Universums äquivalent zu jeder anderen atomaren Eigenschaft.

Die cartesische Symmetriebrechung wird durch den Übergang von der umfassenden unitären Gruppe zu einer ihrer Untergruppen beschrieben. Eine solche Untergruppe heißt *kinematische Gruppe* und definiert eindeutig eine in sich konsistente *Untertheorie* der Universaltheorie. Eine bestimmte Wahl einer kinematischen Gruppe legt fest, von welchen *Einstein-Podolsky-Rosen*-Korrelationen abstrahiert wird. Diese Korrelationen existieren nach wie vor, aber wir haben eine Optik gewählt, von der aus wir sie als irrelevant betrachten. Den Invarianten der kinematischen Gruppe entsprechen die direkt beobachtbaren Phänomene der Untertheorie. Will man umgekehrt verstehen, wie zu einem empirischen Phänomen ein theoretisches Modell zu konstruieren ist, so muß man den beim Beobachtungsakt realisierten Abstraktionsprozeß analysieren. Von entscheidender Wichtigkeit ist dabei die Einsicht, daß es keine Erfahrung ohne Datenverarbeitung und Datenreduktion gibt. *Unpräjudizierte direkte Beobachtungen gibt es nicht.* Wir kennen unsere Außenwelt nur durch Vermittlung von Zeichenerkennungsmechanismen. Jede Zeichenerkennung ist notwendigerweise gekoppelt mit einer Datenreduktion, welche irrelevante Aspekte unterdrückt. Die Abstraktion von den irrelevanten Aspekten ermöglicht erst die Bildung von Äquivalenzklassen, welche dann der eigentliche Gegenstand der empirischen und der theoretischen Untersuchung sind. Die für die Zeichenerkennung entscheidende mathematische Struktur ist wiederum eine Gruppe, genannt die *Zeichenerkennungsgruppe*. Um eine eindeutige Abbildung zwischen Theorie und Empirie zu erhalten, müssen die Abstraktionen der Untertheorie genau den durch die Beobachtungsmittel erzwungenen Abstraktionen entsprechen. Das ist dann der Fall, wenn die Invarianten der kinematischen Gruppe den Invarianten der Zeichenerkennungsgruppe entsprechen.

Eine cartesische Symmetriebrechung ist nie natur*gesetzlich* gegeben, wohl aber gibt es natur*historische* Einschränkungen. Viele der uns so vertrauten Außenwelterfahrungen beruhen auf einem biologischen Erbe, das abstrahierendes Fokussieren auf lebenswichtige Patterns (wie Feind, Beute) zu einer Lebensnotwendigkeit macht. Auch betrachten die heutigen Naturwissenschaften nicht jede beliebige Subjekt-Objekt-Trennung als zulässig. Für die Ingenieurwissenschaften sind nur Abstraktionen von Interesse, welche mit Hilfe unserer technologischen Hilfsmittel *machbar* sind. Alle machbaren cartesischen Symmetriebrechnungen können durch entsprechende Wahl der kinematischen Symmetrie nachvollzogen werden, aber nicht umgekehrt. Die globale Muttertheorie läßt aber außerdem Abstraktionsmöglichkeiten zu, für die experimentelle Realisierungen kaum vorstellbar sind.

2.6 Unvergleichbare Naturbeschreibungen

Die philosophische Bedeutung der modernen Quantenmechanik liegt vor allem darin, daß sie die erste formal abgeschlossene und logisch widerspruchsfreie Theorie ist, welche für den molekularen Bereich universale Gültigkeit beansprucht. Die Quantenmechanik eröffnet grundsätzlich neue Möglichkeiten, uns mit der Vielschichtigkeit der Natur ganzheitlich auseinanderzusetzen. Sie zeigt uns, daß selbst im Bereich der engeren Naturwissenschaften die ganze Wirklichkeit empirisch nicht global faßbar ist, sondern eine Vielfalt von unvergleichbaren klassischen Naturbeschreibungen unvermeidlich ist. Die gängige Hoffnung, daß eine bestimmte Betrachtungsweise letztlich stimmiger und einleuchtender ist als alle anderen, hat sich wohl schon heute als trügerisch erwiesen.

Obwohl Klassifizieren eine fundamentale Tätigkeit des forschenden Menschen ist, gibt es keine Allzweck-Klassifikation. Jede denkbare Klassifikation charakterisiert einen *Boole*schen Aussagenverband, welcher seinerseits als empirisch direkt zugänglicher Bereich einer Modelltheorie aufgefaßt werden kann. Jeder solche *Boole*sche Bereich ist eine Projektion der vollen nicht-*Boole*schen Wirklichkeit und damit unvermeidlicherweise eine „flache" Weise, die Welt zu sehen. Im Rahmen geeigneter Vor-Urteile beschreibt eine solche Projektion gewisse Phänomene durchaus richtig, ohne daß deshalb eine solche Theorie den Anspruch erheben könnte, wahr zu sein. „Wahr" ist nur die globale Muttertheorie, die aber keine direkt beobachtbaren Phänomene kennt. Diese Spannung zwischen „richtig" und „wahr" kann nicht einseitig gelöst werden, da ohne Ausnahme jedes Phänomen durch die ihm zugrundeliegenden Vor-Urteile standortgebunden ist. Der Forscher legt durch seine Wahl der Abstraktionen die Vor-Urteile und damit das Modell fest; die zur entsprechenden Untertheorie gehörigen kinematischen Invarianten bestimmen dann objektiv, was man unter diesen Bedingungen überhaupt beobachten kann. Die Abstraktion kann aber durchaus anders gewählt werden, wobei dann andere Größen der Muttertheorie die Rolle der kinematischen Invarianten übernehmen: dann sind einfach andere Eigenschaften grundsätzlich nicht erfaßbar.

Obwohl jede einzelne Untertheorie aus der Muttertheorie hergeleitet werden kann, sind im allgemeinen die verschiedenen Untertheorien untereinander unvergleichbar. Eine bestimmte Untertheorie führt nur deshalb zu beobachtbaren Phänomenen, weil sie auf die Beschreibung der dazu komplementären Phänomene *verzichtet*. Welche Phänomene beobachtet und welche dazu komplementären ignoriert werden sollen, liegt in der Wahlfreiheit des Forschers. Verschiedene Untertheorien stellen mit Recht verschiedene Dinge in den Vordergrund, die Muttertheorie bietet eine gemeinsame Bezugssprache für die Einordnung der unvergleichbaren Untertheorien.

2.7 Theoriereduktion

Der klassische Reduktionismus gründet sich wesentlich auf ein durch die moderne Quantenmechanik völlig überholtes Theorieverständnis. Beispielsweise fordern *Kemeny* und *Oppenheim* [30], daß jegliche Beobachtungsdaten, die durch eine auf T_1 reduzierbare Theorie T_2 erklärt werden können, auch durch die reduzierende Theorie T_1 direkt erklärt werden können. Des weiteren betrachten es *Oppenheim* und *Putnam* [28] als sehr zweifelhaft, daß eine Theorie T_2 auf eine Theorie T_1 reduziert werden kann, wenn die Dinge aus dem Grundbereich von T_2 nicht selbst im Grundbereich von T_1 enthalten sind. Beide Erfordernisse sind bei den wenigen bis heute streng durchgeführten Theoriereduktionen nicht erfüllt. Als typisches Beispiel diene das Verhältnis der chemischen Thermodynamik zur allgemeinen Quantenmechanik. Die chemische Thermodynamik ist eine mathematisch voll formalisierte phänomenologische Theorie und handelt von Quasigleichgewichtszuständen chemischer Stoffe in verschiedenen makroskopischen Aggregatzuständen. Erst in allerjüngster Zeit konnte diese Theorie ohne jede Ad-hoc-Annahme in mathematisch strenger Weise aus der allgemeinen Quantenmechanik hergeleitet werden [31]. Die für die chemische Thermodynamik grundlegenden Begriffe *Temperatur* und *chemisches Potential* kommen nur im Grundbereich der Thermodynamik, nicht aber im Grundbereich der allgemeinen Quantenmechanik vor. Da die allgemeine Quantenmechanik nicht einmal den dem Stoffbegriff der Thermodynamik zugrundeliegenden Molekülbegriff kennt, können wir bei der Herleitung der Thermodynamik aus der Quantenmechanik nicht von einer Reduktion im Sinne von *Kemeny* und *Oppenheim* sprechen. In der Tat ist die Theoriereduktion bei Theorien mit einem nicht-*Boole*schen Aussagenverband dramatisch verschieden von dem Reduktionsschema von *Kemeny* und *Oppenheim*.

Es sei T eine Universaltheorie mit einem orthomodularen und irreduziblen Aussagenverband. Jedem orthomodularen Unterverband des Aussagenverbands von T ordnen wir eine *Untertheorie* zu, deren Dynamik von der Dynamik von T induziert wird. Falls T eine voll interpretierte Theorie ist, so nennen wir T die *globale Muttertheorie* für das betrachtete Universum. Falls die Semantik und die Pragmatik einer Untertheorie T_α derjenigen der Muttertheorie T entspricht, so sagen wir, T_α könne aus T hergeleitet werden und nennen T_α eine Tochtertheorie von T. Sind T_α und T_β zwei Tochtertheorien von T und kann T_β aus T_α hergeleitet werden, so schreiben wir $T_\beta \leqq T_\alpha$ und sagen, T_β könne auf T_α reduziert werden. Da Tochtertheorien definitionsgemäß immer auf die Muttertheorie reduzierbar sind, gilt $T_\alpha \leqq T$, $T_\beta \leqq T$. Ordnen wir die Tochtertheorien gemäß ihrer Reduzierbarkeit, so erhalten wir nicht eine total geordnete, sondern nur eine partiell geordnete Menge. Zwei Tochtertheorien T_α, T_β heißen unvergleichbar, wenn weder $T_\alpha \leqq T_\beta$ noch $T_\beta \leqq T_\alpha$ gilt. Eine genauere Analyse zeigt, daß bezüglich dieser Ordnungsrelation die Menge aller Tochtertheorien sogar einen Verband bildet und daß eine universelle Beschreibung aller Phänomene des Universums in einer einzigen, in sich konsistenten Sprache mit *Boole*scher Logik *nicht* möglich ist [32].

Man beachte, daß unsere Relation $T_\alpha \leqq T$ keine *Kemeny-Oppenheim*-Reduktion impliziert. Um die Theorie T_α aus T herzuleiten, genügt es nicht, lediglich die Theorie T zu kennen. Zusätzlich muß die Optik der Untertheorie T_α bekannt sein, d. h. man muß die der Betrachtungsweise von T_α entsprechende kinematische Gruppe kennen, welche ihrerseits durch die den Beobachtungsmitteln entsprechende Zeichenerkennungsgruppe induziert wird.

Akzeptiert man die allgemeine Quantenmechanik in ihrer individuellen und ontischen Interpretation als Universaltheorie für den molekularen und makroskopischen Bereich, so folgt, daß die Wirklichkeitsganzheit der materiellen Welt durch eine einzige lokale Theorie nicht erfaßbar ist. Jeder empirisch zugängliche Erfahrungsbereich kann nicht anders als in einer eigenständigen Sprache beschrieben werden. Die historisch entstandenen autochthonen Begriffsbildungen sind wesentlich und finden im Rahmen der Hierarchie der Tochtertheorien ihre exakte Rechtfertigung.

Somit ist die Projektion der globalen Wirklichkeit auf eine einfachere lokale Struktur nicht nur legitim, sondern sogar obligat für jede empirische Forschung. Die Ergebnisse einer speziellen Sparte einer naturwissenschaftlichen Untersuchung können in der Sprache einer speziellen Tochtertheorie erfaßt werden. Die Resultate einer solchen spezialisierten Forschung haben immer nur lokale Gültigkeit, d. h. sie beziehen sich auf eine bestimmte Betrachtungsweise oder Untersuchungsmethodik. Eine solche Spezialisierung ist grundsätzlich unvermeidlich, um ein wohlfundiertes Verständnis der Natur zu erreichen, und es bedarf einer besonderen Anstrengung, um die scheinbar disparaten Ergebnisse der speziellen Forschung zu einem globalen Bild zu integrieren. Durch die Einbettung der *Boole*schen Aussagenverbände der lokal gültigen Untertheorien in den nicht-*Boole*schen Aussagenverband der quantenmechanischen Muttertheorie kann die objektive Wirklichkeit in ihrem globalen Zusammenhang erfaßt werden.

3. Theoriereduktion und Emergenz

3.1 Eine neue Sicht der Schichtenlehre

Als emergente Evolution soll hier ganz allgemein das Erscheinen höherer Seins- und Geschehensstufen aus niedrigeren durch neu auftauchende Qualitäten verstanden werden. In dem auch von Paul *Oppenheim* und Hilary *Putnam* vertretenen Evolutionismus wird betont, daß die Entstehung eines neuen und höheren Seins- oder Geschehensprinzips aus niedrigeren prinzipiell nicht voraussagbar ist und nicht einfach ein mechanisch oder physikalisch-chemisch erklärbarer Prozeß sein soll. Damit steht dieser Evolutionismus im Gegensatz zu einem naiven Reduktionismus, nach welchem alle Resultate der Evolution im Grunde nichts anderes als eine Umordnung bzw. Neukombination gewisser unveränderlicher Grundbausteine sein sollen [33].

Das Konzept der Emergenz ist eng verknüpft mit der phänomeno-
logisch wohlbekannten Existenz von *Schichten,* welche durch verschiedenartige Geschehensprinzipien charakterisiert sind. Während Nikolai
Hartmann die vier Hauptschichten des anorganisch-materiellen, des
organischen, des seelischen und des geistigen Seins unterscheidet, be-
nützen *Oppenheim* und *Putnam* sechs Schichten (Elementarteilchen,
Atome, Moleküle, Zellen, multizelluläre Organismen und soziale Gruppen). Solche Einteilungen erscheinen wohl den meisten heutigen Naturwissenschaftern als fast unfaßbar naiv, doch gilt diese Kritik zunächst
nur der Aufzählung der Schichten, nicht der Schichtenlehre an sich. Die
Existenz und die Bedeutung autochthoner Begriffsbildungen in den verschiedenen Sparten der Naturwissenschaften zeigen deutlich genug, daß
die Einführung von Schichten mit spezifischen Eigengesetzlichkeiten der
Empirie entstammt. Zu kritisieren ist nur die Idee der Existenz von
Hauptschichten und der stillschweigend vorausgesetzten Möglichkeit einer
Totalordnung der Unterschichten. Wir wissen heute mit Sicherheit, daß
die Verhältnisse bereits im physikalisch-chemischen Bereich erheblich
komplexer liegen.

Akzeptiert man die Existenz einer Universaltheorie für den molekularen und makroskopischen Bereich, so entspricht jede Untertheorie mit
einer approximativ autonomen Dynamik einem autochthonen Bereich,
der mit einer Geschehensschicht identifiziert werden kann. Da die Gesamtheit aller Untertheorien einer Universaltheorie mit nicht-*Boolescher*
Aussagenlogik ein Verband ist, so können die verschiedenen möglichen
Geschehensschichten nur partiell geordnet werden. Somit gibt es *unver-
gleichbare Seinsschichten.* Jede Seinsschicht kann durch eine autochthone
Theorie erfaßt werden, welche auf die Universaltheorie reduzierbar ist.
In diesem Sinne ist jede solche Seinsschicht in der Universaltheorie poten-
tiell, aber nicht aktualisiert vorhanden. Aus der Sicht der modernen
Quantenmechanik *ist die empirisch bekannte autochthone Schichtenstruk-
tur der Natur eine zwingende Folge des holistischen Charakters der
Universaltheorie.*

3.2 Das Auftauchen neuer Seinskategorien ist erklärbar

Der Begriff der Emergenz wird meist gebraucht, um ein Phänomen zu
charakterisieren, bei dem eine *Qualitätsänderung* wesentlich ist. Beispielsweise können bisher unabhängig voneinander funktionierende biologische
Systeme zu einer Einheit integriert werden, welche dann unvorher-
gesehene, vorher auch nicht andeutungsweise dagewesene Funktionseigen-

schaften aufweist. Die Tatsache, daß sich solche Ereignisse in keiner Weise auf die üblicherweise angeführten großen „Schöpfungsereignisse" (wie etwa den Übergang vom Anorganischen zum Organischen) beschränken, gibt uns die Möglichkeit, das Emergenzproblem auch aus der Sicht der exakten Naturwissenschaften aufzugreifen.

Die Entstehung von qualitativ Neuem ist ein Phänomen, das einer exakt naturwissenschaftlichen Betrachtungsweise durchaus zugänglich ist. *Emergenz steht nicht im Gegensatz zur nicht-Booleschen Theoriereduktion.* Das Entstehen von neuen Kategorien des Seins und Geschehens ist zwar nicht deterministisch voraussagbar, denn welche Geschehensebenen aus der Vielzahl der in der Muttertheorie potentiell vorhandenen verwirklicht sind, wird nur aus der Betrachtung der historischen Evolution evident. Das bedeutet aber in keiner Weise, daß das Entstehen neuer Geschehensebenen nicht erklärbar ist. Was auch immer der logische Status einer Behauptung wie „Since these characteristics cannot be predicted, they cannot be explained, for prediction and explanation are two sides of the same coin" [33] sein mag, die heutige Praxis der Naturwissenschaften akzeptiert sie nicht.

Die deterministische dynamische Gruppe einer nicht-*Boole*schen Universaltheorie induziert in einer autochthonen Untertheorie zwar eine autonome Zeitevolution, die aber nicht mehr deterministisch zu sein braucht. Damit werden im allgemeinen sowohl Vorhersagen als auch Nachhersagen probabilistische Aussagen, welche nur mit statistischen Methoden empirisch überprüft werden können. Dieser probabilistische Zug der Tochtertheorien einer deterministischen nicht-*Boole*schen Universaltheorie ist in der Quantenmechanik unvermeidbar und darf nicht als subjektives Nichtwissen, sondern muß als neuer Typus einer Naturgesetzlichkeit interpretiert werden. Grundsätzlich wichtig ist die Tatsache, daß die probabilistische Struktur von Tochtertheorien nicht nur zu dissipativen, entropieerhöhenden Prozessen, sondern ebenso auch zu Neues schaffenden, entropiereduzierenden Prozessen führt. Diese Begriffe können im Rahmen der modernen Quantenmechanik exakt formuliert werden und aufgrund analytisch lösbarer Modelle in allen wünschbaren Details diskutiert werden [29]. Es zeigt sich, daß es in dem durch die Quantenmechanik erfaßten molekularen Universum Geschehensschichten gibt, in denen die rationellste phänomenologische Beschreibung der direkt beobachtbaren Phänomene eine teleologische ist. Damit finden Begriffe wie finales und funktionales Verhalten einen legitimen Platz in einer

Tochtertheorie einer rein deterministischen, aber nicht-*Boole*schen Universaltheorie.

Neu auftauchende Qualitäten können, quantentheoretisch durch eine Verminderung der kinematischen Symmetrie exakt erfaßt werden. Jede Symmetrieverminderung impliziert immer sowohl eine Einschränkung des effektiven Bereichs der Rede als auch das Auftauchen von direkt beobachtbaren neuen Größen. Bei einer emergenten Evolution handelt es sich um eine *spontane Symmetriebrechung*, welche aus der exakten Dynamik des als isoliert gedachten Objektsystems und seiner Umwelt zu erklären ist. Die Umwelt eines molekularen Systems kann nie vernachlässigt werden, und es muß immer untersucht werden, ob das Objektsystem strukturell stabil gegenüber den Restwechselwirkungen mit der Umwelt ist. Ist dies nicht der Fall, so rearrangiert sich das molekulare System spontan in einer solchen Weise, daß der Systemzustand der Umgebung angepaßt ist. Wir sprechen dann von einer spontanen Symmetriebrechung. In diesem Sinne können die kinematischen Symmetrien dynamisch verstanden werden: *die kinematische Symmetrie eines isoliert gedachten Systems berücksichtigt in qualitativ exakter Weise die Restwechselwirkungen mit der Umwelt.*

3.3 Einfachste Beispiele für das spontane Auftauchen von Ordnung

Jede emergente Evolution beinhaltet das Auftauchen von neuen Variablen. Diese neuen Variablen beschreiben in einfacher Weise das qualitativ Neue, ohne deswegen beziehungslos zu den Variablen der tieferen, physikalisch fundamentaleren Schicht zu sein. In den heute vieldiskutierten, analytisch lösbaren physikalischen Modellen werden die neuen Variablen oft Kollektivvariablen oder Ordnungsparameter genannt. Sie werden fast ausnahmslos aus *unendlich vielen* Variablen der tieferen Schicht konstruiert. Es handelt sich hierbei weniger um eine unrealistische Idealisierung als um einen effizienten mathematischen Trick, neue Topologien und damit neue Abstraktionen und Betrachtungsweisen einzuführen.

Eines der einfachsten Beispiele für das Auftreten einer Schichtenstruktur ist die Existenz von supraflüssigem Helium. Wird flüssiges Helium unter 2,18 K abgekühlt, so erscheinen plötzlich neue, höchst merkwürdige Eigenschaften, die bei keiner anderen Flüssigkeit bekannt sind. So kann es durch enge Kapillaren fließen, ohne eine Spur von Zähigkeit zu zeigen und wird deshalb als supraflüssiges Helium bezeichnet. Dazu kommen eigenartige hydrodynamische Eigenschaften (quantisierte Wirbel) und ein ganz ungewohntes Transportverhalten. Supraflüssiges Helium kann gegen die Schwerkraft in einem dünnen Film an der Gefäßwand empor und dann an der Außenwand hinunterfließen. All diese Phänomene wurden gründlich studiert und in einer phänomenologischen Theorie voll erfaßt. Vom Standpunkt der fundamentalen Theorie ist flüssiges Helium eines der einfachsten Vielteilchensysteme und daher einer eingehenden mathematischen Diskussion noch gut zugänglich. Heute können wir grundsätzlich alle Aspekte des Verhaltens von flüssigem Helium aus der fundamentalen molekularen Quantenmechanik verstehen. Somit dürfen wir mit gutem Gewissen behaupten, daß die spontane Erzeugung von neuen Ordnungsprinzipien in flüssigem Helium bei 2,18 K auf die Universaltheorie der molekularen Welt reduziert ist. Erstaunlich ist dabei, daß ein strukturell so einfaches System wie Helium bereits genügend Komplexität besitzt, um sich in qualitativ und hierarchisch verschiedenen Schichten zu manifestieren.

Die moderne Physik kann heute eine ganze Reihe von physikalischen Phänomenen in mathematisch voll formalisierter Form diskutieren, bei denen spontan höhere Organisationsstufen aus niedrigeren entstehen. Beispielsweise ist für Phasenumwandlungen zweiter Art das Auftauchen einer qualitativ neuen Eigenschaft charakteristisch. Erfahrungsgemäß erfordert allerdings eine korrekte Erfassung hierarchisch verschiedener Schichten und der emergenten Evolution immer recht tiefliegende mathematische Hilfsmittel (wie etwa die Theorie der Singularitäten analytischer Funktionen, Bifurkationen in nichtlinearen Systemen, unitär inäquivalente Darstellungen der kanonischen Vertauschungsrelationen, Typ III Darstellungen von Symmetriegruppen).

3.4 Geschehensebenen der Chemie und Biologie

Die der heutigen Physik genau bekannten einfachsten Beispiele für das spontane Auftauchen von Ordnung beanspruchen in keiner Weise, mehr zu sein als die Anfangsschritte eines Programms. Das Emergenzproblem ist durch die Quantenmechanik nicht bereits gelöst. Andererseits sind nach diesen Anfangserfolgen verschiedene Einwände gegen eine prinzipiell mögliche Reduktion widerlegt. So behauptet etwa Walter *Heitler*: „Der Gestaltbegriff kommt in der Physik und Chemie nicht vor. Er kann folglich aus deren Gesetzen nicht abgeleitet werden" [34]. Die sachliche Richtigkeit dieser Behauptung mag offen sein, ihre Begründung ist sicher falsch.

Wir glauben heute, daß die Quantenmechanik mit ihrer nicht-*Boole*-schen Aussagenlogik über den Weg der nicht-klassischen Theoriereduktion neue Möglichkeiten eröffnet, auch Probleme der Biologie anzugehen. Wir haben keine Argumente dagegen, daß der Zuständigkeitsbereich der Quantenmechanik über aus der quantenmechanischen Universaltheorie hergeleitete Untertheorien bis zu den autochthonen Begriffen reicht, welche typisch für die Geschehensebene „Biologie" sind.

Der Frage nach der Angemessenheit der allgemeinen Quantenmechanik für Probleme der Psychologie stehen wir ratlos gegenüber. Alle Extrapolationen in dieses Gebiet sind höchst spekulativ, denn die begrifflichen Probleme einer quantenmechanischen Diskussion scheinen zunächst unlösbar. Die gelegentlich diskutierten Verknüpfungen zwischen dem quantenmechanischen Meßproblem und dem Bewußtsein des Beobachters machen keinerlei naturwissenschaftlich sinnvolle Aussagen über die Natur des menschlichen Bewußtseins. Ausgehend von einer physikalisch-naturwissenschaftlichen Betrachtungsweise sind wir (zumindest heute) völlig außerstande, die spezifische Natur unserer Psyche zu erfassen.

Geschehensebenen werden traditionellerweise durch autochthone Begriffe und die zugehörigen Untertheorien bezeichnet. Die physikalisch-chemischen Begriffe Temperatur und Chiralität kann man heute streng auf die allgemeine Quantenmechanik zurückführen. Für zwei weitere fundamentale Begriffe aus dem Bereich der Chemie, das chemische Potential und die Molekülstruktur (*Born-Oppenheimer*-Approximation), existiert heute ein mathematischer Rahmen, der die Reduktion dieser Begriffe erlauben könnte. Hingegen entzieht sich der Begriff der chemischen Stoffklassen bisher einer exakten Behandlung. Wir wissen kaum, wie die kinematische Symmetrie der universellen Muttertheorie gebrochen werden muß, um zu diesem historisch gewachsenen Begriff der Chemie zu gelangen.

Aus der Geschehensebene der Biochemie und Molekularbiologie gehört die biologische Information zu den schwierigen Begriffen, für die eine begriffliche Behandlung bisher noch aussteht. Für die Begriffe Selbstregulation, Selektion und Evolution existieren wenigstens Modelle von explorativem Charakter [35], die als Grundlage für spätere reduzierbare Theorien dienen könnten.

Die Biologie ist auch heute noch weitgehend eine Domäne experimentell-deskriptiver Untersuchungen, in der es an formalisierten phänomenologischen Theorien mangelt. Andererseits bieten sich gerade biologische Begriffe wie Funktionalität, Finalität und Gestalt auf Grund ihres ganzheitlichen Aspekts für eine Reduktion auf die nicht-*Boole*sche und holistische quantenmechanische Universaltheorie an.

Die Unvergleichbarkeit der verschiedenen Geschehensebenen ermöglicht im Gegensatz zum Reduktionsschema von *Kemeny* und *Oppenheim* für die Biologie Reduktionswege, welche nicht notwendig die Chemie passieren müssen. Bezüglich der nicht-*Boole*schen Theoriereduktion stehen alle autochthonen Begriffe zunächst einmal im selben Verhältnis. Jeder neu auftauchende autochthone Begriff kann durch eine einzige Symmetriebrechung aus der Muttertheorie erhalten werden. Eine passende Brechung der kinematischen Symmetrie kann von der Quantenmechanik direkt zu biologischen Begriffen führen.

4. Zusammenfassung

1. Eine formale und interpretatorische Erweiterung der Quantenmechanik der Pionierzeit ist aus innertheoretischen Gründen zwingend und ist heute allgemein, wenn auch stillschweigend akzeptiert.

2. Die moderne Quantenmechanik gründet sich auf die sowohl von der klassischen Mechanik als auch vom *Planck*schen Wirkungsquantum unabhängige Quantenlogik. Sie ermöglicht eine empirisch widerspruchsfreie und logisch konsistente ontische und individuelle Interpretation.

3. Die allgemeine Quantenmechanik mit ihrem irreduziblen, nicht-*Boole*schen Aussagenverband hat die vereinheitlichende Funktion einer universell gültigen, globalen Muttertheorie. Eine globale Muttertheorie beansprucht, ein immanentes und universelles Theorieprogramm für ein umfassendes Gebiet der exakten Naturwissenschaften zu realisieren.

4. Wegen ihres irreduziblen Charakters kennt eine globale Muttertheorie keinerlei beobachtbare Phänomene, sondern beschreibt zunächst eine unteilbare Ganzheit.

5. Jede Naturbeschreibung vernachlässigt gewisse Aspekte der Realität. Beobachtbare Phänomene entstehen durch Abstraktionen, welche praktisch durch Zeichenerkennungsmechanismen realisiert werden. Gegenstand der speziellen naturwissenschaftlichen Theorien ist nicht die ungeteilte Realität, sondern die durch Abstraktion gewonnenen Patterns.

6. Die speziellen naturwissenschaftlichen Theorien entsprechen den Seinsschichten, welche aus der Muttertheorie durch eine den gemachten Abstraktionen entsprechende Brechung der holistischen kinematischen Symmetrie der Muttertheorie entstehen.

7. Verschiedenartige Abstraktionen brauchen nicht gleichzeitig realisierbar zu sein, so daß die verschiedenen Untertheorien ein und derselben Muttertheorie im allgemeinen nicht kompatibel sind.

8. Eine Untertheorie einer universellen Muttertheorie dient nicht so sehr einer die empirischen Sachverhalte nachzeichnenden Beschreibung, sondern ist vielmehr eine schöpferische Konstruktion, die erst erlaubt, von beobachtbaren Phänomenen zu sprechen.

9. Jede dynamisch autonome Untertheorie besitzt autochthone Begriffsbildungen und Fragestellungen. Jede Diskussion eines Kausalnexus bezieht sich stillschweigend immer nur auf eine wohlbestimmte Untertheorie. Die globale Muttertheorie ist strikte deterministisch.

10. Trotz der Reduzierbarkeit aller Untertheorien auf die globale Muttertheorie ist die Theorienvielfalt nicht eliminierbar. Jede Klasse von Phänomenen, jede Seinsschicht erfordert ihre eigene Theorie.

11. Das Auftauchen neuer Qualitäten und hierarchisch höherer Schichten bei einer Einschränkung des Bereichs der Rede („universe of discourse") ist wohl die charakteristischste Eigenheit nicht-*Boole*scher Theorien.

12. Es sind bis heute keine Argumente gegen die Arbeitshypothese bekannt, daß die allgemeine Quantenmechanik die universell gültige globale Muttertheorie für die molekulare Materie in ihren vielfältigen Erscheinungsformen ist. Insbesondere ist die Annahme vernünftig, daß die Quantenmechanik auch für den makroskopischen und den biologischen Bereich zuständig ist.

13. Andererseits ist über die Relation der Quantenmechanik zu mentalen Systemen empirisch absolut nichts bekannt; alle Ansätze in dieser Richtung gehören ins Reich der leeren Spekulation.

14. Es ist nicht wahr, daß heute schon die Chemie auf die Quantenmechanik reduziert ist. Neben vielen Teilerfolgen gibt es noch eine Reihe von fundamental wichtigen autochthonen Begriffen der Chemie, für die wir heute grundsätzlich noch nicht sehen, wie sie auf die Quantenmechanik reduziert werden können.

15. Phänomene, die nicht an eine bestimmte Substanz gebunden sind und zudem einen holistischen Aspekt zeigen (wie Funktionalität, Finalität, Ganzheit), sind den formalen Möglichkeiten der Quantenmechanik besonders gut angepaßt. Biologische Phänomene stehen der Reduktion also keinesfalls ferner als beispielsweise chemische.

16. Die Hauptschwierigkeit für eine praktische Realisierung des Reduktionsprogramms liegt nicht mehr auf der Seite der fundamentalen Theorien, sondern am Mangel an guten phänomenologischen Theorien. Biologische Theorien von ähnlich gutem Status wie etwa die Thermodynamik oder die Hydrodynamik gibt es noch nicht.

17. Eine unterstellte Reduzierbarkeit der Chemie und der Biologie auf die Quantenmechanik impliziert keineswegs, daß alle biologischen Phänomene eine Erklärung in Begriffen der Chemie haben.

18. Im Gegensatz zum naiven Reduktionismus und in Übereinstimmung mit der naturwissenschaftlichen Praxis muß die theoretische Chemie und Biologie als Studium der Gesamtheit aller denkbaren autonomen Tochtertheorien der universellen quantenmechanischen Muttertheorie verstanden werden.

Literaturzitate

[1] P. A. M. Dirac: The principles of quantum mechanics, Clarendon Press, Oxford, 1st ed. 1930, 4th ed. 1958. — [2] J. von Neumann: Mathematische Grundlagen der Quantenmechanik, Springer, Berlin, 1932. — [3] W. Pauli: „Die allgemeinen Prinzipien der Wellenmechanik". In: Handbuch der Physik, Bd. 24/1, herausgegeben von M. Geiger und K. Scheel, Springer-Verlag, Berlin, 2. Auflage 1933. [Eine fast identische Version erschien in: Handbuch der Physik, herausgegeben von S. Flügge, Band V, Teil 1; Springer-Verlag, Berlin, 1958.] — [4] M. Jammer: The conceptual development of quantum mechanics, McGraw-Hill, New York, 1966. — [5] M. Jammer: The philosophy of quantum mechanics, Wiley-Interscience, New York, 1974. — [6] B. d'Espagnat: Conceptual foundations of quantum mechanics, Benjamin, Reading, Massachusetts, second edition, 1976. — [7] E. Scheibe: Die kontingenten Aussagen in der Physik. Axiomatische Untersuchungen zur Ontologie der klassischen Physik und der Quantentheorie, Athenäum Verlag, Frankfurt, 1964. — [8] E. Scheibe: The logical structure of quantum mechanics, Pergamon Press, Oxford, 1973. — [9] N. Bohr: „Über Erkenntnisfragen der Quantenphysik". In: Max-Planck-Festschrift 1958, hrsg. von B. Kockel, W. Macke, A. Papapetrou; Deutscher Verlag der Wissenschaften, Berlin, 1959, pp. 169 - 175 [Wiederabdruck: Naturwissenschaftliche Rundschau 13, 252 - 255 (1969)]. — [10] V. Fock: „Über die Deutung der Quantenmechanik". In: Max-Planck-Festschrift 1958, hrsg. von B. Kockel, W. Macke, A. Papapetrou; Deutscher Verlag der Wissenschaften, Berlin, 1959, pp. 177 - 195 [Russisches Original: Usp. Fiz. Nauk 62, 461 (1957)]. — [11] F. London, E. Bauer, La théorie de l'observation en mécanique quantique, Herman, Paris, 1939. — [12] G. Birkhoff, J. von Neumann: „The logic of quantum me-

chanics", Annals of Mathematics 37, 823 - 843 (1936). — [13] M. Strauss: „Zur Begründung der statistischen Transformationstheorie der Quantenphysik", Sitzungsberichte der Preußischen Akademie der Wissenschaften, Phys. Math. Kl. 27, 382 - 398 (1936). — [14] K. Husimi: „Studies on the foundation of quantum mechanics", Proc. Phys. Math. Soc. Japan 19, 766 - 789 (1937). — [15] P. Mittelstaedt: Philosophische Probleme der modernen Physik, Bibliographisches Institut, Mannheim, 1963. — [16] J. M. Jauch: Foundations of quantum mechanics, Addison-Wesley, Reading, Massachusetts, 1968. — [17] V. S. Varadarajan: Geometry of quantum theory, Van Nostrand, Princeton, New Jersey; Vol. 1, 1968, Vol. 2, 1970. — [18] C. Piron: Foundations of quantum physics, Benjamin, Reading, Massachusetts, 1976. — [19] G. T. Rüttimann: Logikkalküle der Quantenphysik, Duncker und Humblot, Berlin, 1977. — [20] G. G. Emch: Algebraic methods in statistical mechanics and quantum field theory, Wiley-Interscience, New York, 1972. — [21] A. Einstein, B. Podolsky, N. Rosen: „Can quantum-mechanical description of physical reality be considered complete?", Phys. Rev. 47, 777 - 780 (1935). — [22] E. Schrödinger: „Die gegenwärtige Situation in der Quantenmechanik", Naturwissenschaften 23, 807 - 812, 823 - 828, 844 - 849 (1935). — [23] E. Schrödinger: „Discussion of probability relations between separated systems", Proc. Cambridge Phil. Soc. 31, 555 - 563 (1935). — [24] E. Schrödinger: „Probability relations between separated systems", Proc. Cambridge Philos. Soc. 32, 446 - 452 (1936). — [25] A. Einstein: „Quanten-Mechanik und Wirklichkeit", Dialectica 2, 320 - 324 (1948). — [26] C. Hempel, P. Oppenheim: „Studies in the logic of explanation", Philosophy of Science 15, 135 - 175 (1948). — [27] C. W. Morris: „Foundations of the theory of signs". In: International encyclopedia of unified science, ed. by O. Neurath, R. Carnap, C. Morris. University of Chicago Press, Chicago 1938, Vol. 1, pp. 77 - 137. — [28] P. Oppenheim, H. Putnam: „Unity of science as a working hypothesis". In: Concepts, theories, and the mind-body problem, Minnesota Studies in the Philosophy of Science, Vol. 2, ed. by H. Feigl, M. Scriven, G. Maxwell; University of Minnesota Press, Minneapolis, 1958. — [29] H. Primas, U. Müller-Herold: „Quantum mechanical system theory", Advances in Chemical Physics, Vol. 38, Wiley-Interscience, New York 1978. — [30] J. G. Kemeny, P. Oppenheim: „On reduction", Philosophical Studies 7, 6 - 19 (1956). — [31] R. Haag, D. Kastler, E. B. Trych-Pohlmeyer: „Stability and equilibrium states", Commun. Math. Phys. 38, 173 - 193 (1974). — [32] H. Primas: „Theory reduction and non-Boolean theories", J. Math. Biology 4, 281—301 (1977). — [33] T. A. Goudge: „Emergent evolutionism". In: The encyclopedia of philosophy, ed. by P. Edwards; MacMillan, New York, 1967; Vol. 2, pp. 474 - 477. — [34] W. Heitler: „Über die Komplementarität von lebloser und lebender Materie", Abh. Akad. der Wissenschaften und Literatur Mainz, Math.-Naturw. Kl. 1976, No. 1, p. 5. — [35] M. Eigen: „Selforganization of matter and the evolution of biological macromolecules", Naturwissenschaften 58, 465 - 523 (1971).

Physik und Leben

Von Jürgen Kiefer

1. Physikalische und biologische Systeme

Physik und Biologie sind Naturwissenschaften — sie versuchen, die
Naturerfahrung methodisch aufzuarbeiten, Gesetzmäßigkeiten aufzu-
spüren, allgemeine Prinzipien zu deduzieren und damit die Vielfalt der
Erscheinungen letztlich zu reduzieren. Der faustische Drang, zu erkennen „was die Welt im Innersten zusammenhält", ist die Triebkraft
jeder Naturwissenschaft. Aber während der Physik hierbei in der Auswahl ihrer Objekte prinzipiell keine Grenzen gesetzt ist — sie spannt
sich von der Erforschung des Weltalls — Astrophysik — bis zu dem
Studium der kleinsten Grundbausteine der Materie — Elementarteilchenphysik —, beschränkt sich die Biologie auf die Objekte, die wir als
„lebend" bezeichnen. Es soll an dieser Stelle nicht — noch nicht — auf
die Problematik dieses Begriffes eingegangen werden, sondern wir wollen
zunächst versuchen, Kriterien der Unterscheidbarkeit herauszuarbeiten.
Da der Spielraum physikalischer Objekte praktisch nicht beschränkt ist,
muß der Schwerpunkt auf der Charakterisierung biologischer Systeme
liegen.

Biologische Einheiten sind nicht beliebig zerlegbar, ohne ihre wesentliche Eigenschaft — nämlich lebende Systeme zu sein — zu verlieren.
Für diese Feststellung ist es unerheblich, ob wir die Grenze des Lebens
bei den Bakterien oder den Viren ziehen — die Zerlegung der typischen
Struktur führt zu dem Verlust gerade der Eigenschaft, die wir erforschen
wollen. Diese Tatsache setzt dem Bestreben der Reduktion der Beobachtungen auf möglichst einfache Grundprinzipien eine grundsätzlich
nicht überschreitbare Grenze. Sie widerstrebt zunächst der Methodik
des Physikers, die Vielfalt der Beobachtungen so zu reduzieren, daß der
Blick auf das Wesentliche frei wird. An dieser Stelle erscheint es nützlich, einen kurzen Exkurs über den methodischen Ansatz der Physik
einzuschieben. Dabei darf nicht verschwiegen werden, daß die Situation

seit Beginn dieses Jahrhunderts durch Relativitätstheorie und Quantenstatistik ungleich schwieriger geworden ist, als sie z. B. noch *Helmholtz* sich darstellte. Er sagte 1869 in seiner Innsbrucker Rede[1]: „ist aber Bewegung die Urveränderung, welche allen anderen Veränderungen in der Welt zugrunde liegt, so sind alle elementaren Kräfte Bewegungskräfte und das Endziel der Naturwissenschaften ist, die allen Veränderungen zugrunde liegenden Bewegungen und deren Triebkräfte zu finden, also sich in Mechanik aufzulösen." Der Gedanke hinter dieser postulierten „Mechanisierung des Weltbildes" lag darin, die deterministische Struktur der *Newton*schen Bewegungsgesetze auf alle Naturerscheinungen anwendbar zu machen. Damit würde nicht nur alles Geschehen erklärbar, sondern auch berechenbar. Aus der Kenntnis der Anfangsbedingungen würde dann die weitere Entwicklung zu bestimmen sein. Den entscheidenden Stoß erfuhr diese Weltsicht bekanntlich durch die *Heisenberg*sche Unschärferelation, wonach im Bereich der Elementarteilchen sich Ort und Geschwindigkeit prinzipiell nicht beliebig genau gleichzeitig bestimmen lassen.

Wenn aber die Anfangsbedingungen nicht genau erfaßbar sind, bleibt alle weitere Berechnung sinnlos.

Und so sind die Physiker heutzutage bescheidener, man kann auch sagen, demütiger geworden. Der Glauben an den strengen Determinismus ist der Einsicht gewichen, daß auch die physikalischen Gesetze letztlich statistischen Charakter haben, d. h. nur Aussagen über Wahrscheinlichkeiten erlauben.

Bietet sich hier nun die Möglichkeit, aus dem Unvermögen der Physik Kapital für die Biologie zu schlagen, indem für biologische Systeme Eigengesetzlichkeiten postuliert werden — gewissermaßen die Lücken zu füllen, welche die Physik nach eigener Erkenntnis nicht schließen kann? So elegant dieser Weg anmutet, „Physikalismus" und „Vitalismus" zu vereinen — er ist leider falsch. Biologische Einheiten sind — physikalisch gesehen — Makrosysteme, die aus so vielen Molekülen bestehen, daß die Wahrscheinlichkeitsaussagen den Charakter praktischer Sicherheit gewinnen. (Auf die vermutlich einzige, allerdings entscheidende Ausnahme, nämlich die Träger der Erbinformation, wird später eingegangen.) Die Zelle eines so einfachen Lebewesens wie des Bakteriums Escherichia coli enthält ca. 10^{14} Moleküle! Entscheidend ist nun aber, daß diese nicht regellos in dem durch die Zellwand gegebenen Gefäß verteilt, sondern bis

---

[1] Zitiert nach A. Meyer-Abich: „Holismus — ein Weg synthetischer Naturwissenschaften" in: Organik, Haller-Verlag, Berlin 1954, S. 141.

in submikroskopische Bereiche strukturiert sind. Das gilt nicht nur für die „typischen" Vertreter biologischer Moleküle wie Eiweiße und Nukleinsäuren, sondern sogar für das Wasser, dem z. B. bei der Ausbildung der sogenannten hydrophoben Bedingungen eine ganz besondere Rolle zufällt. Die Entwicklung moderner physikalischer Techniken hat uns immer tiefere Einblicke in den Aufbau der biologischen Materie eröffnet; die Molekularbiologie hat uns gelehrt, daß diese oft wundersamen Gebilde nicht einer künstlerischen Laune der Natur entspringen, sondern notwendige Bedingung der Funktion sind. Eine Zerlegung in einfachere Komponenten führt zum Verlust des Wirkungsgefüges. Der Physiker, der daran geht, biologische Vorgänge physikalisch zu verstehen, muß sich also mit der Tatsache abfinden, daß die Systeme nicht vereinfacht werden können: das Ganze ist das Entscheidende.

Nun ist diese Situation keineswegs neu: Auch der Physiker weiß natürlich, daß das Ganze mehr ist als die Summe seiner Teile. „Die Beherzigung dieser Wahrheit unterscheidet vielmehr in der Physik wie in der Biologie nur den guten Forscher vom schlechten"[2]. Aber während der Physiker, wenn er die Eigenschaften eines Systems erkennen will, immer versuchen wird, auch das Ganze auf das Wesentliche zu reduzieren, den Grundbauplan zu erkennen und von kleinen Abweichungen, die immer vorkommen, zu abstrahieren, bilden in der Biologie gerade die kleinen Abweichungen oft die funktionsbestimmende Realität. Der Physiker sucht nach Symmetrie und Periodizitäten, er studiert das Verhalten seines Systems an einem Idealtypus — in biologischen Einheiten verbietet sich diese Reduzierung. Dies macht zwar die physikalische Deutung biologischer Vorgänge nicht prinzipiell unmöglich, aber ungeheuer schwierig und dem klassisch Geschulten ungewohnt.

In jedem biologischen System begegnet uns die Verwirklichung eines bis ins kleinste realisierten Bauplans, dessen Ausbildung für die Funktion essentiell ist. Das Entscheidende ist hierbei die Komplexität des Aufbaus: Ein Kristall ist durch die Angabe einer verhältnismäßig kleinen Zahl von Parametern beschreibbar, schon bei einem Viruspartikel verlangt die vollständige Beschreibung eine ungleich größere Menge an Information.

Mit diesem letzten Wort sind wir auf einen Schlüsselbegriff gestoßen, der für die weitere Betrachtung eine wesentliche Bedeutung hat.

---

[2] C. F. von Weizsäcker: Zum Weltbild der Physik, S. Hirzel-Verlag, Stuttgart 1949, S. 18.

2. Struktur und Information, Ordnung und Entropie

Es war im Vorhergehenden festgestellt worden, daß biologische Systeme sich durch die Komplexität ihrer Strukturen auszeichnen. Sie entstehen nicht von selbst, indem man ihre Bestandteile im Reagenzglas zusammenbringt, sondern bedürfen zu ihrer Verwirklichung der besonderen biochemischen Maschinerie die Zelle. Entscheidend ist nun aber, daß jede Zelle in ihrem genetischen Material die Baupläne ihrer Bestandteile verzeichnet hat. Der Träger ist die Desoxyribonukleinsäure, sehr große Moleküle, die allerdings nach einem verhältnismäßig einfachen Schema aufgebaut sind. Vier sogenannte Nukleobasen sind über ein Zucker-(Desoxyribose) und ein Phosphatmolekül zu langen Ketten zusammengefügt. Die Information liegt in der Reihenfolge der Basen verschlüsselt, sie bilden gewissermaßen die Buchstaben des genetischen Alphabets. Die Realisierung der Information geschieht nun dadurch, daß auf dem Weg über Zwischenstationen andere Makromoleküle, Proteine, gebildet werden. Auch sie sind aus wenigen, nämlich 20 Untereinheiten aufgebaut, den Aminosäuren.

Die Reihenfolge der Nukleobasen determiniert nun die Reihenfolge der Aminosäuren, indem jeweils drei Basen für eine Aminosäure — wie man sagt — codieren. Nach unseren heutigen Kenntnissen ist durch die Reihenfolge der Aminosäuren die Eigenschaft eines Proteins vollständig bestimmt. Die Eiweiße sind die eigentlichen Schlüsselsubstanzen des Lebens, als Strukturbildner, vor allem aber als Biokatalysatoren, welche Weg und Geschwindigkeit der in der Zelle ablaufenden Reaktionen bestimmen. Schon die Änderung einer einzigen Aminosäure kann die Eigenschaften eines Proteins entscheidend beeinflussen und u. U. die Zelle abtöten. Man ersieht daraus die vitale Bedeutung der „richtigen" Information. Dieser zunächst etwas schillernde Begriff ist durch eine Unterdisziplin der Kybernetik, die Informationstheorie[3], einer besseren Erfassung zugänglich gemacht worden. Man geht zunächst einmal davon aus, daß Information durch Zeichen (Buchstaben, Meßsignale o. ä.) übermittelt wird und fragt nun danach, wie man ein Maß für den Informationsgehalt eines einzelnen Zeichens gewinnen kann. Dabei kann man sich an der Alltagserfahrung orientieren: die Mitteilung über ein Ereignis, das mir schon bekannt ist, enthält für sich keine Information, der Informationsgehalt ist offenbar um so größer, je weniger ich das

---

[3] Vgl. z. B.: Brillouin: Science and information theory, Academic Press: New York 1963. Eine gute Übersicht findet man bei H. Sachsse: Einführung in die Kybernetik, rororo-Vieweg, Braunschweig 1971/74.

Eintreten dieses bestimmten Ereignisses im voraus absehen konnte. Diese Feststellung verknüpft den Informationsgehalt mit der Wahrscheinlichkeit und bedeutet übertragen auf eine durch Zeichen übermittelte Information, daß der Informationsgehalt eines Zeichens um so größer ist, je geringer die Wahrscheinlichkeit seines Auftretens ist. Beide sind miteinander verbunden. Um zu einer sinnvollen Definition zu kommen, sollte noch gefordert werden, daß der Informationsgehalt zweier Zeichen gleich der Summe des Informationsgehaltes der beiden Einzelzeichen ist. Da Wahrscheinlichkeiten multiplikativ verknüpft sind, sollte die Funktion, welche Informationsgehalt und Wahrscheinlichkeit verbindet, ein Produkt in eine Summe transformieren. Dieses leistet eine Logarithmusfunktion, so daß man einführt

$$JG_i = log\ 1/P_i = -\ log\ P_i.$$

Hierbei ist JG_i der Informationsgehalt eines Zeichens i und P_i die Wahrscheinlichkeit seines Auftretens. (Die Basis des Logarithmus ist hier offen gelassen, in der Nachrichtentechnik verwendet man den dualen Logarithmus — d. h. zur Basis 2 — und mißt Informationsgehalte in „bit".)

Man tut gut daran, sich an dieser Stelle klar zu machen, daß jede dem System aufgeprägte Regel, welche die freie Reihenfolge der Zeichen einschränkt, die Wahrscheinlichkeit der Voraussagbarkeit einzelner Zeichen erhöht und damit ihren Informationsgehalt vermindert. Die Regelmäßigkeit des Kristalls hat zur Folge, daß zur Beschreibung seines Aufbaus relativ wenig Information benötigt wird. Oder — um ein Beispiel aus unserer Sprache zu nehmen: Da auf ein „q" immer ein „u" folgt, liefert dieser Buchstabe hier keine weitere Information als „q" allein.

Ein weiteres: Die Informationstheorie, die aus den Anforderungen der Nachrichtentechnik im zweiten Weltkrieg erwuchs, begnügt sich damit, die Menge an Information zu messen (und Möglichkeiten zur Optimierung ihrer Übertragung zu entwickeln). Sie verzichtet völlig auf ihre Bewertung. Dies begrenzt in entscheidender Weise ihre Anwendbarkeit auf biologische Fragestellungen.

Die oben angegebene Formel erinnert den Physiker an die berühmte *Boltzmann*sche Entropiebeziehung

$$S = k \cdot ln\,W.$$

Dabei ist S die Entropie, W die sogenannte „thermodynamische Wahrscheinlichkeit" und k eine Naturkonstante (die *„Boltzmann"*-Konstante). Die formale Ähnlichkeit ist durchaus nicht nur äußerlich, doch um dies zu verstehen, müssen wir etwas weiter ausholen. Mit der Entropie sind wir auf einen weiteren wichtigen Schlüsselbegriff gestoßen. Letztlich kreist die gesamte Diskussion über Physik und Leben um diese beiden Zentralpunkte: Entropie und Information.

Der Begriff der Entropie stammt ursprünglich aus der theoretischen Behandlung der Wärmekraftmaschine, seine Einführung geht auf die physikalische Erfahrung zurück, daß es zwar möglich ist, jede Form physikalischer Energie (Bewegung, elektrische, chemische Energie) restlos in Wärme umzuwandeln, der umgekehrte Weg jedoch immer nur unvollständig verwirklicht werden kann. Diese Tatsache begrenzt z. B. den Wirkungsgrad von Wärmekraftmaschinen. Wir alle wissen dies aus dem täglichen Leben: der Benzinmotor bedarf der Kühlung, d. h. es muß Wärme abgeführt werden, die ursprünglich hineingesteckt wurde. Dieser Betrag geht für die Umwandlung in „nützliche" Energie verloren. Der Grund hierfür liegt darin, daß wir, wenn wir ein System erwärmen, nicht nur seine Temperatur, sondern auch seinen allgemeinen physikalischen Zustand verändern. Dem wird durch die Einführung einer „Zustandsfunktion", welche dieses Verhalten beschreibt, Rechnung getragen, nämlich der Entropie. Sie ist also zunächst nichts anderes als eine die Erfahrung sinnvoll erfassende Rechengröße. So eingeführt bleibt sie reichlich blaß und letztlich recht unverständlich, weil unanschaulich — übrigens auch vielen Physikern. Die Bezeichnung wurde im Jahr 1865 durch Rudolf *Clausius* geprägt. Schon die formale Behandlung im Rahmen der klassischen Thermodynamik führte allerdings zu einer wichtigen Erkenntnis, die wir heute als den „zweiten Hauptsatz der Wärmelehre" bezeichnen: „In einem abgeschlossenen physikalischen System (d. h. einem solchen, das mit seiner Umgebung weder Stoff noch Energie austauscht), nimmt die Entropie zu oder bleibt höchstens konstant." Man kann dies auch anders ausdrücken: „In jedem abgeschlossenen physikalischen System strebt die Entropie einem Maximum zu." Obwohl die weitreichende Bedeutung dieses Satzes zunächst noch unklar bleibt, sei auf eine unmittelbare wichtige Konsequenz hingewiesen, nämlich die Definition einer Richtung im zeitlichen Verhalten physikalischer Systeme. Die Entropie kann mit der Zeit nur zunehmen, eine Umkehrung ist physikalisch — wohlgemerkt immer im abgeschlossenen System — nicht möglich.

An dieser Stelle wurde das erste Mal in der Geschichte der Physik die Irreversibilität eingeführt. Die „Erklärung" dieses zunächst recht mythisch anmutenden Begriffs der Entropie gelang Ludwig *Boltzmann* 1877 durch die molekular-kinetische Deutung: Jedes physikalische System hinreichender Größe — das wir „Makrosystem" nennen wollen —, besteht bekanntlich aus einer großen Zahl von Atomen oder Molekülen. Sein „Makrozustand" ist beschreibbar durch Angabe von Zustandsgrößen wie Druck, Volumen, Temperatur, innere Energie und auch Entropie. Nur für Makrosysteme ist ihre Angabe auch sinnvoll — vom Druck eines einzelnen Moleküls zu sprechen, ist unsinnig. Alle Zustandsgrößen gehen aber letztlich auf die physikalischen Parameter der molekularen Bestandteile des Makrosystems zurück (für den Druck lernt man das schon auf der Schule), doch ist diese Zuordnung nicht eindeutig. Der „Makrozustand", der das gemittelte Verhalten einer großen Zahl von Komponenten beschreibt, kann durch eine große Zahl verschiedener „Mikrozustände" realisiert werden. Als die thermodynamische Wahrscheinlichkeit bezeichnet man nun die Zahl der Mikrozustände, die zu einem bestimmten gegebenen Makrozustand gehören. Zunächst muß darauf hingewiesen werden, daß dies eine sehr große Zahl ist und sich daher von der „üblichen" Wahrscheinlichkeit, die immer < 1 ist, prinzipiell unterscheidet. Die Mikrozustände sind gegeben durch die räumliche Verteilung der Moleküle und die Verteilung ihrer Geschwindigkeiten, man sagt auch allgemein durch ihre „Verteilung im Phasenraum". Der zweite Hauptsatz sagt nun in dieser Deutung nichts anderes, als daß in einem abgeschlossenen System die thermodynamische Wahrscheinlichkeit einem Maximum zustrebt. Was heißt dies nun? Betrachten wir ein sehr simples System, das aus n gleichen Molekülen bestehe — die somit dem Beobachter also unterscheidbar sind — und unterteilen den zur Verfügung stehenden Raum V so in einzelne Zellen, daß deren Volumen gerade V/n beträgt. Es seien zunächst alle Moleküle in einer einzelnen Zelle konzentriert. Die Zahl der Mikrozustände ist dann offenbar sehr klein — nämlich 1 in diesem Bild —, weil durch die Vertauschung kein neuer Mikrozustand geschaffen werden kann. Ganz anders, wenn jede Zelle durch ein Molekül besetzt ist: In diesem Falle führt jede Vertauschung zweier Teilchen zu einem neuen Mikrozustand: die thermodynamische Wahrscheinlichkeit nimmt enorm zu. Der Entropiesatz — wie der zweite Hauptsatz auch oft abgekürzt genannt wird, fordert also, daß in einem abgeschlossenen System mit der Zeit sich eine Gleichverteilung herausbildet. Dies ist oft so beschrieben worden, daß ein abgeschlossenes System dahin tendiere, aus einem geordneten in einen ungeordneten Zustand überzugehen. „We now recognize this fundamental law of physics to be just the natural tendency of things to approach the chaotic state[4]." Mir scheint diese

---

[4] E. Schrödinger: What is life, Cambridge University Press, Cambridge 1962, S. 74.

Formulierung gefährlich, denn wie wir gesehen haben, ist die Entropie gerade dann am größten, wenn die Moleküle im Raum gleich verteilt sind, ob man dies als „Chaos" gelten lassen will, scheint mir Ansichtssache. Die Tatsache bleibt jedoch bestehen, daß abgeschlossene Systeme dahin tendieren, in ihnen bestehende Unterschiede auszugleichen. Im Maximum der Entropie herrscht thermodynamisches Gleichgewicht. Dies kann durchaus mit einem hohen räumlichen Ordnungsgrad verbunden sein, z. B. in einem Kristall. Da er in einer unterkühlten Schmelze spontan entsteht, widerspricht seine Bildung sicher nicht dem Gesetze der Physik — also darf mit der höheren Ordnung auch die Entropie nicht abnehmen. Daß dies tatsächlich auch nicht der Fall ist, hat Weizsäcker quantitativ gezeigt[5]. Man darf sich aber nicht täuschen lassen: Die entscheidende Facette ist die Regelmäßigkeit des Kristalls, wodurch sich die Gleichverteilung besonders — auch ästhetisch — schön manifestiert.

Und hier gelangen wir zurück zu unserem Ausgangspunkt in diesem Abschnitt. Wir hatten gesagt, die notwendige Information, die zur Beschreibung eines regelmäßigen Kristalls gegeben werden muß, ist vergleichsweise gering. Jede Abweichung von der Regel verlangt nach mehr Information — sie bedeutet aber auch im physikalischen System eine geringere Entropie. Wenn also Systeme geringerer Entropie, d. h. mit großen Abweichungen von der Gleichverteilung ihrer Komponenten, planmäßig entstehen sollen, so bedarf es einer großen Menge Information. Dies ist der eigentliche Inhalt der Geschichte von *Maxwells* Dämon, der den Entropiesatz überlistet, und ihrer Richtigstellung durch *Szilard* und *Brillouin*[6].

3. Die physikalische Besonderheit lebender Systeme

Im ersten Abschnitt hatten wir darauf hingewiesen, daß biologische Einheiten bis in den submikroskopischen Bereich strukturiert sind. Ihr Aufbau ist im allgemeinen so komplex, daß uns zwar das gezeichnete oder fotografische Bild, nicht aber die Angabe einfacher Regeln zu ihrer Beschreibung ausreicht. Sie unterscheiden sich also wesentlich von Kristallen, aber ist dies vielleicht nur quantitativ? Sie entstehen bekanntlich auch nicht spontan wie der Kristall, aber liegt dies vielleicht nur an unserer

---

[5] C. F. von Weizsäcker, in: „Offene Systeme" (Hrsg. E. von Weizsäcker), Klett-Verlag, Stuttgart 1974, zitiert nach C. F. von Weizsäcker: „Evolution und Entropiewachstum", Festvortrag Jahrestagung der Deutschen Gesellschaft für Biophysik, Regensburg 1976.

[6] s. H. Sachsse: Einführung in die Kybernetik, a.a.O., S. 57.

Ungeduld, die nicht Jahrmillionen warten kann? Auf die zweite Frage —
die nach der physikalischen Notwendigkeit der Evolution — gehen wir
später ein. Bleiben wir bei der Physik des schon vorhandenen Kristalls.
Isolieren wir ihn vollständig von seiner Umwelt, halten also die Bedingungen, die zu seiner Entstehung geführt haben, konstant, so wird er sich
nicht verändern; sofern er völlig regelmäßig war, mit anderen Worten:
das Maximum der Entropie, das thermodynamische Gleichgewicht, erreicht hatte. Unternehmen wir denselben Versuch mit einer Zelle, schließen wir sie völlig von ihrer Umwelt ab, so werden die Lebensvorgänge
sehr schnell zum Erliegen kommen, was aber wichtiger ist: die Struktur
wird im Laufe der Zeit zerfallen. Das zeigt, daß biologische Systeme weit
vom thermodynamischen Gleichgewicht entfernt sind und das macht ihre
physikalische Besonderheit aus. Dennoch erscheinen sie uns stabil — zumindest über die Dauer ihrer Lebenszeit. Ist es also doch so, daß — wie
oft behauptet — lebende Systeme sich dadurch auszeichnen, daß sie dem
zweiten Hauptsatz der Wärmelehre widersprechen, nämlich daß alle abgeschlossenen Systeme dem thermodynamischen Gleichgewicht zustreben?
Oder anders, lapidarer ausgedrückt: Ist Leben physikalisch „verboten"?
Bedarf es besonderer außerphysikalischer Prinzipien, um die Funktions-
weise auch der einfachsten Zelle zu verstehen? Wir wollen uns der Antwort auf diese provokative Frage, die letztlich den ganzen Vitalismus-
Mechanismus-Streit beinhaltet, von zwei Richtungen nähern, die aber
schließlich konvergieren:

Zunächst ein Blick auf die „Stabilität" biologischer Systeme: Moderne
biologische Untersuchungsverfahren (die einmal wieder der Anwendung
physikalischer Methoden entstammen), bei welchen die Bestandteile von
Zellen radioaktiv markiert werden, haben uns gelehrt, daß die Lebens-
dauer einzelner Komponenten von Lebewesen vergleichsweise kurz sind:
Leben ist dadurch charakterisiert, daß für jede kleinste Untereinheit —
mit einer wichtigen Ausnahme, auf die wir später zu sprechen kommen — eine stete Folge von Zerfall und Wiederaufbau zu verfolgen ist.
Die „Stabilität" erscheint nur dem oberflächlichen Betrachter, so wie auch
ein Filmbild zu stehen scheint, obwohl es mehr als zwanzigmal in der
Sekunde projiziert wird. Erhalten bleiben also nicht die Bestandteile des
Systems, sondern nur das System, seine Gestalt. Sie bleibt konstant, auch
wenn die Teile „sterben und werden". Dies ist aber nur möglich, wenn
das System nicht abgeschlossen ist, sondern mit seiner Umgebung an-
dauernd Materie und Energie austauscht. Dies ist nun der zweite, entscheidende Punkt: Lebende Systeme können nur bestehen, wenn sie

„Stoffwechsel" zeigen. Damit entfällt aber eine wichtige Voraussetzung für die unmittelbare Anwendung des zweiten Hauptsatzes, denn er gilt bekanntlich nur für abgeschlossene Systeme. Die „Stabilität der Gestalt", aber nicht der Bestandteile, bezeichnet man physikalisch als „Fließgleichgewicht" (engl. steady state) im Gegensatz zum „thermodynamischen Gleichgewicht" (equilibrium). Die Anwendungen solcher Überlegungen auf Biosysteme verdanken wir vor allem *Bertalanffy*[7]. Er zeigte, daß Fließgleichgewichte dazu tendieren, unabhängig von den Anfangsbedingungen immer dem gleichen Endzustand zuzustreben. *Bertalanffy* bezeichnet diese Eigenschaft als Äquifinalität. Schon die Wortwahl erinnert an die „Aquipotentialität", die *Driesch* als wesentliche Verwirklichung der Entelechie ansah. Äquifinalität folgt aus den physikalischen Eigenschaften des Systems und findet sich durchaus nicht nur im Bereich des Lebendigen. Fließgleichgewichte sind im allgemeinen nicht im thermodynamischen Gleichgewicht, ihre theoretische Behandlung erfordert eine Erweiterung der klassischen Thermodynamik. Sie wurde begonnen durch L. *Onsager* und ist als „Thermodynamik irreversibler Prozesse" bekannt[8]. Mit ihrer Hilfe ist es möglich, das physikalische Verhalten von Biosystemen angemessener zu beschreiben: Jedes Lebewesen befindet sich in Wechselwirkung mit seiner Umgebung. Der Entropiesatz fordert nun, daß in dem Gesamtsystem die Entropie wächst oder konstant bleibt, was keineswegs ausschließt, daß in Untersystemen auch eine Entropieverringerung stattfindet. Der Preis, der dafür zu zahlen ist, muß der Umgebung als „freie Energie" — d. h. in nutzbare Arbeit verwandelbare Energie — entnommen werden. Dadurch wächst die Entropie der Umgebung, wodurch die Entropieentnahme im Biosystem ausgeglichen, ja überkompensiert wird. Man könnte also sagen, das Lebewesen befriedigt seinen Bedarf an negativer Entropie auf Kosten seiner Umwelt oder wie E. *Schrödinger* formulierte — „an organism feeds on negative entropy"[9]. So griffig dieser Satz in seiner Prägnanz auch ist, er darf nicht zu wörtlich genommen werden, denn er beschreibt nur die Gesamtbilanz. Gerade die unbekümmerte Gleichsetzung von Ordnungslosigkeit und Entropie, die

---

[7] L. von Bertalanffy: Biophysik des Fließgleichgewichts, Verlag F. Vieweg, Braunschweig 1953; als überarbeitete Neuausgabe L. von Bertalanffy, W. Beier, R. Laue: Biophysik des Fließgleichgewichts", F. Vieweg, Braunschweig 1977.

[8] L. Onsager und S. Machlup: Physical Reviews *91*, 1505 (1953), Eine ausführliche Darstellung im Hinblick auf biologische Probleme findet man bei A. Katchalsky, P. F. Curran: Non equilibrium thermodynamics in biophysics, Harvard-University Press, Cambridge (Mass.), 1965.

[9] E. Schrödinger: What is life, a.a.O.

wir schon oben kritisierten, verleitet zu dem falschen Schluß, daß bei der Nahrungsaufnahme durch Organismen gewissermaßen die geordnete Struktur der Nährstoffe assimiliert würde. Dem ist aber durchaus nicht so — hochgeordnete Eiweiße unserer Nahrung werden in unserem Magen-Darm-Trakt zunächst in kleine Untereinheiten zerlegt, bevor sie zum Aufbau unseres Körpers verwendet werden. Dabei wird ohne Zweifel Entropie produziert; was jedoch zählt, ist die freie Energie. Sie optimal zu erschließen und zu nutzen ist die Hauptaufgabe des umgebenden komplizierten, biochemischen Apparats, den auch schon die einfachsten Lebewesen in sich tragen. Und hier begegnet uns das Problem der Entropie ein weiteres Mal: Erinnern wir uns an die Entstehungsgeschichte dieses Begriffs. Sie hing mit der empirischen Feststellung zusammen, daß Wärme niemals vollständig in nutzbare — „freie" — Energie umgewandelt werden kann. Mit der Erwärmung ist notwendigerweise eine Entropieerhöhung verbunden, der hierfür aufgebrachte Energiebetrag ist für die Nutzung verloren. Molekularphysikalisch bedeutet Erwärmung eine Erhöhung der mittleren kinetischen Energie der Moleküle. Jede Energieumwandlung, bei der ein möglichst hoher Wirkungsgrad erreicht werden soll, sollte also in einer Art und Weise durchgeführt werden, daß möglichst wenig als Wärme auf das Gesamtsystem übertragen wird. Lebewesen nehmen freie Energie aus ihrer Umgebung auf und verwenden sie zum Aufbau und zur Erhaltung ihrer selbst, in Form von Nahrung oder bei den Pflanzen auch als Licht. Eine Minimierung der Verluste bei dieser Energieumsetzung ist im wahrsten Sinne des Wortes lebensnotwendig. Wie kann dies physikalisch erreicht werden? Doch wohl dadurch, daß vermieden wird, daß von der zur Verfügung stehenden Energie ein nennenswerter Anteil auf ungeordnete Molekülbewegung als kinetische Energie übertragen wird. Dies impliziert die Forderung, daß bei den ablaufenden Reaktionen die Partner räumlich zueinander fixiert sind und daß die Prozesse schnell ablaufen. Wir haben also eine ganz andere Situation als im Reagenzglas, wo bei einer chemischen Reaktion sich die Partner nach statistischen Gesetzen suchen und finden. Dabei wird unumgänglicherweise durch nutzlose Stöße (d. h. zwischen falschen Partnern) eine ganze Menge Energie auf Moleküle übertragen, die an dem eigentlichen Ablauf gar nicht beteiligt sind. Ganz anders in der Zelle: Die essentiellen biochemischen Reaktionen sind an Strukturen gebunden, welche den Ablauf gewissermaßen vorprogrammiert in die richtigen Bahnen weisen. Damit lassen sich Verluste durch Entropieproduktion minimieren; außerdem steigt die Geschwindigkeit, weil die Partner sich nicht erst „suchen" müssen. Dies senkt die Verluste weiterhin. Diese physikalisch sehr interessante Eigenschaft, welche derzeit bei der Fotosynthese am besten erforscht ist, ist erst vor kurzer Zeit sicher erkannt worden[10]; sie verdient es — auch als Modell für technische Prozesse — weiter exploriert zu werden. Wir wollen hier auf eine ausführliche Diskussion verzichten und lediglich festhalten, daß ein Minimum der Entropieproduktion dadurch erreicht werden kann, daß die Prozesse nicht in homogener Lösung, sondern in Strukturen ablaufen, welche die Reaktionspartner sterisch richtig fixieren. Dies ist eine ungemein wichtige Erkenntnis, sagt sie doch aus, daß die Strukturierung biologischer Systeme weder eine Laune der Natur noch Ausdruck einer unbekannten Entelechie ist, sondern physikalisch notwendig, um eine optimale Ausnutzung der zur Verfügung stehenden freien Energie zu gewährleisten. Damit eröffnet sich aber auch eine gänzlich neue Betrachtung der Evolution: offenbar sind diejenigen Lebewesen am besten ausgestattet (nach *Darwin* „fittest"), welche die Ressourcen ihrer Umwelt mit dem größten Wirkungsgrad ausnutzen können. Wie oben gezeigt, steigt dieser aber mit dem Ausmaß der Strukturierung. Die Evolution mußte also aus physikalischen Gründen zu immer höherer Komplexität führen. Am Ende dieses Abschnitts steht also die zunächst paradox klingende Erkenntnis, daß die Entropie die Triebkraft der Evolution war. Fassen wir zusammen: Lebende Systeme sind *offen*, d. h. sie tauschen mit ihrer Umgebung Materie und Energie aus. Sie befinden sich im Fließgleichgewicht. Ihre Funktionen sind strukturgebunden. Beide Eigenschaften führen dazu, daß die Entropieproduktion im Gesamtsystem (Lebewesen + Umwelt) möglichst gering ist. Dabei sind beide Eigenschaften wichtig: für die Strukturgebundenheit haben wir es oben gezeigt; die thermodynamische Bedeutung des steady — state folgt aus der theoretischen Behandlung der irreversiblen Prozesse. *Prigogine* und *Glansdorff*[11] konnten zeigen, daß im stationären Zustand des Fließgleichgewichts die Entropiezunahme minimal ist.

Man muß sich klarmachen, daß die Art des Fließgleichgewichts von beiden Partnern — Umwelt und Lebewesen — abhängt. Die „Erhaltung der Gestalt" setzt somit voraus, daß die Strukturen, die sie bedingen, invariant bleiben und daß nicht jede Schwankung der Umweltbedingungen sich in einer Änderung der Gestalt niederschlägt. Zum zweiten ist es notwendig, daß Mechanismen vorhanden sind, welche das „innere Milieu"

---

[10] C. W. F. McClare: Chemical machines, Maxwell's demon and living organisms, J. Theor. Biol. *30*, 1 (1971).

[11] P. Glansdorff, I. Prigogine: Thermodynamic theory of structure, stability and fluctuations, Wiley-Luter-Science: New York 1971.

des Lebewesens auch bei einer Änderung der Außenbedingungen möglichst konstant halten. Dem dienen Regelkreise, welche auf jeden „Reiz" gegenläufig reagieren; eines der bekanntesten Beispiele ist die Thermoregulation bei homöothermen Tieren, aber auch schon das einfachste Bakterium verfügt auf anderer Ebene über ähnliche Mechanismen, z. B. zur Konstanthaltung des zellinneren pH-Werts. Erst mit Hilfe dieser Regulationen ist es überhaupt möglich, das Fließgleichgewicht über längere Zeiten zu erhalten. Hierin liegt der tiefere Sinn der „Reizbarkeit" von Organismen, auch die Lernfähigkeit bei höheren Lebewesen findet hierdurch ihre tiefere biologische Begründung. Dieser Gedanke soll hier nicht weiter ausgeführt werden, der Leser sei auf H. *Sachsse*: „Erkenntnis des Lebendigen" verwiesen[12].

Die „Konstanz der Strukturen" — notwendige Voraussetzung der „Konstanz der Gestalt" — beides ist *nicht* synonym, die „Gestalt" umfaßt mehr als die Summe der Strukturen — führt uns auf das zentrale Problem im Rahmen unseres Themas, das schon mehrmals anklang, nämlich nach Herkunft, Realisierung und Erhaltung der Information.

4. Information und Evolution

An verschiedenen Stellen unserer Betrachtungen waren wir immer wieder auf den Begriff der Information gestoßen, durch welche die Struktur der Lebewesen gesteuert wird. Die Erkenntnisse der molekularbiologischen Forschung haben gezeigt, daß sie in der Basensequenz der DNS festgelegt ist und daß ihre Übertragung unidirektional erfolgt, d. h. von der DNS auf die Proteine, aber nicht umgekehrt. Dies ist das von F. *Crick* formulierte „Zentrale Dogma der Molekularbiologie", das auf anderer Ebene nichts anderes ausdrückt, als daß erworbene Eigenschaften — z. B. eine durch Umwelteinflüsse hervorgerufene Proteinveränderung — *nicht* vererbbar sind[13]. Wenn die genetische Information ihren Zweck erfüllen soll, muß sie offenbar recht stabil sein, und die molekularbiologischen Untersuchungen haben erwiesen, daß das tatsächlich der Fall ist. So beträgt bei Bakterien die Wahrscheinlichkeit, daß während einer Generation ein Fehler auftritt, nur ungefähr 10^{-6}. Diese Tatsache ist physikalisch recht erstaunlich, denn wir haben es hier ja mit *molekularen* Vorgängen

---

[12] H. Sachsse: Die Erkenntnis des Lebendigen, Vieweg-Verlag, Braunschweig 1968.

[13] F. H. C. Crick: Cold Spring Harber Symposia on Quantitative Biology *31*, 3 (1966).

zu tun, bei welchen die normalen statistischen Schwankungen — wie sie
sich z. B. in der *Brown*schen Bewegung so augenscheinlich äußern — ein
solches Maß der Stabilität nicht erwarten lassen würden. Der Grund liegt
in zweierlei, erstens, der physikalischen Struktur des genetischen Materials, und zweitens, der biologischen Ausnutzung der „Redundanz". Die
DNS ist ein Makromolekül, dessen regelmäßiger Aufbau (mit Ausnahme
der Basenfolge!) ihm eine große Stabilität verleiht. Es ist somit einem
Kristall vergleichbar; seine Widerstandsfähigkeit gründet sich darauf,
daß es sich physikalisch wie ein Makrosystem benimmt. Die einzelnen
Bausteine agieren nicht getrennt voneinander — sie stehen in koopera-
tiver Wechselwirkung. Das führt dazu, daß die thermischen Schwankungen sich auf das ganze Molekül verteilen, mit dem Erfolg, daß „spontane" Veränderungen ziemlich unwahrscheinlich werden. Es gibt allerdings eine wichtige Ausnahme: die Wechselwirkung mit energiereichen
Photonen oder Partikeln. In diesem Fall wird lokal eine so große Energie-
menge übertragen, daß ein Schaden entsteht, bevor eine Übertragung auf
das Gesamtmolekül stattfinden kann. In diesem Fall kommt es zu Infor-
mationsänderungen — Mutationen —. Bevor wir uns ihnen zuwenden,
sei jedoch noch auf einen anderen physikalischen Aspekt eingegangen,
der einmal mehr auf Entropieprobleme hinführt. Es war schon darauf
hingewiesen worden, daß lebende Systeme deshalb in einem Zustand
niedriger Entropie existieren können, weil sie mit der Umgebung Stoff
und Energie austauschen. Dies trifft aber offenbar für die DNS nicht zu.
Sie steht zwar mit ihrer Umgebung in Wechselwirkung, aber sie zeigt
sicher keinen Stoffwechsel. Markierungsversuche mit radioaktiven Indi-
katoren zeigen vielmehr, daß sie bemerkenswert stabil ist, nicht nur, was
ihre Struktur, sondern auch ihre Bausteine betrifft. Das genetische Material befindet sich nicht im Fließgleichgewicht! Es sieht also so aus, als ob
uns das ursprüngliche Problem auf molekularer Ebene nun wieder begegnet: Ist für die DNS der zweite Hauptsatz nicht gültig? Die Antwort
war eigentlich schon oben impliziert: Die Stabilität des Moleküls ist darin
begründet, daß es sich praktisch im thermodynamischen Gleichgewicht
befindet, seine Entropie also nahe dem Maximum liegt. Diese Tatsache
hat praktische und prinzipielle Konsequenzen: Die Ausprägung der Information in der Zelle, wie sie sich in der Proteinbiosynthese äußert, erfordert die Zuführung freier Energie. Die in vitro-Übertragung gelingt
nur, wenn außer dem Informationsträger — der DNS — und den Ei-
weißbausteinen — den Aminosäuren — auch nutzbare Energieträger vorhanden sind. Die Vermittlung erfolgt wieder über Enzyme. Fehlt eine
der Komponenten, so können zwar u. U. spontan kleine Eiweißmoleküle

entstehen, aber sie entsprechen in ihrem Aufbau keineswegs der vorgegebenen Information.

An dieser Stelle muß nun eine entscheidende Kritik in bezug auf die parallele Behandlung von Entropie und Information ansetzen, und zwar wieder in zweierlei Hinsicht: Die Geschichte von *Maxwells* Dämon hat uns gelehrt, daß jede Verminderung der Entropie — d. h. der Aufbau eines thermodynamisch unwahrscheinlichen Zustandes — Information erfordert. Man kann also sagen, daß Strukturen niedriger Entropie Information enthalten. Insofern stimmt die Überlegung — die umgekehrte Gleichung ist jedoch nicht unbedingt richtig. Das Beispiel der DNS hat gezeigt, daß Information auch in Aggregaten enthalten sein kann, die sich nahe dem Zustand maximaler Entropie befinden. Die Nutzbarmachung ohne Zerstörung des Speichers erfordert aber die Zuführung freier Energie — ohne sie ist die Proteinbiosynthese nicht möglich. Es muß also unterschieden werden zwischen (passiv) vorhandener und (aktiv) genutzter Information. Informationsnutzung ist nur möglich, wenn freie Energie aufgebracht werden kann. Das setzt voraus, daß energetische Unterschiede existieren: das Gesamtsystem darf sich *nicht* im thermodynamischen Gleichgewicht befinden. Wenden wir uns nun dem zweiten Aspekt der Informationserhaltung in biologischen Systemen zu: der Ausnutzung der Redundanz. Man versteht informationstheoretisch darunter (das deutsche Wort ist „Weitschweifigkeit), daß die tatsächlich vorhandene Informationsmenge geringer ist als unter den gegebenen Bedingungen maximal möglich wäre. Das klingt zunächst, als ob Informationssysteme mit Redundanz unökonomisch arbeiten würden, doch diese Überlegung ist oberflächlich. In einem bis zur Grenze ausgenutzten System muß sich jeder zufällige Fehler manifestieren; Informationsreserven — Redundanzen — können dazu ausgenutzt werden, Sicherheiten einzubauen. Die Technik macht hiervon in weitem Maße Gebrauch, genauso wie unsere Sprache. Die genetische Redundanz äußert sich an zwei Stellen, erstens in der komplementären Doppelsträngigkeit der DNS — zu jedem Codon gibt es ein entsprechendes auf dem Gegenstrang — und zweitens der Tatsache, daß vier Basen jeweils in Dreierworten für nur 20 Aminosären codieren, d. h. 64 Möglichkeiten stehen nur 20 notwendige Anordnungen gegenüber. Redundanz allein schafft jedoch noch nicht erhöhte Sicherheit — sie muß auch ausgenutzt, d. h. von dem System „verstanden“ werden. Die Forschungen der letzten 15 Jahre, besonders auf dem Gebiet der Strahlenbiologie, haben aufgedeckt, daß die Zelle über äußerst sinnreiche Verfahren verfügt, mit Hilfe derer sie Fehler in der DNS unter Zuhilfenahme der komplementären Information des ungestörten zweiten Strangs „reparieren“ kann[14]. Ohne sie wäre die sehr geringe Mutationsrate nicht aufrecht zu erhalten. Die Ausnutzung der Redundanz, welche in der geringen Zahl der zu codierenden Aminosäuren liegt, erfolgt bei dem sogenannten Translationsschritt an den Ribosomen (*Crick*sche Wobbelhypothese)[15].

Fassen wir an dieser Stelle kurz zusammen: Die Stabilität der genetischen Information ist einmal physikalisch in der makromolekularen Struktur der DNS und zum anderen biologisch in dem Reparaturvermögen begründet. Auf den ersten Aspekt hat wohl als erster Max *Delbrück* hingewiesen, er wird von Erwin *Schrödinger* in seinem schon erwähnten klassischen Büchlein „What is life?“[16] ausführlich erörtert.

Bisher wurde immer davon ausgegangen, daß biologische Information vorhanden ist und ihre Herkunft außer acht gelassen. Dieses Problem ist aber natürlich von ganz besonderem Interesse, denn die Vereinbarkeit von physikalischer Gesetzmäßigkeit und biologischer Erscheinungsweise erweist natürlich in keiner Weise, daß auch Entstehung und Entwicklung lebender Systeme mit physikalischen Prinzipien kompatibel sind.

Wir stoßen hier auf eine fundamentale Eigenschaft lebender Objekte, die sie von allen „nur“ physikalischen unterscheidet: Sie sind historische Systeme und sie bewahren ihre Geschichte in der genetischen Information. Eine besonders klare Beschreibung dieses Sachverhalts ist *Haeckels* (1866) „biogenetisches Grundgesetz“: „Die Ontogenie ist eine Rekapitulation der Phylogenie“ oder — mit anderen Worten — die Individualentwicklung spiegelt die Stammesentwicklung wider. Die Evolution eines Lebewesens ist also nichts anderes, als die geschichtliche Entstehung seiner aktuellen genetischen Information. Wenn wir nun daran gehen, nach den physikalischen Gegebenheiten der Evolution zu fragen und — vorweggenommen — zu dem Schluß kommen, daß sie physikalisch verstehbar ist, so darf dies nicht dahingehend interpretiert werden, daß Leben physikalisch „machbar“ sei. Gerade die Geschichtlichkeit lehrt uns, daß wir im Labor nicht nachvollziehen können, was in der Natur Äonen benötigte. „Lebewesen können entstehen, wenn die erforderlichen Bedingungen vorliegen. Diese lauten: eine Erdoberfläche und zwei Milliarden Jahre Zeit[17].“

---

[14] Eine Übersicht über Reparaturprozesse findet man z. B. in „Ultraviolette Strahlen“ (Her. J. Kiefer), de Gruyter-Verlag, Berlin 1976, in Kapitel: J. Kiefer, I. Wienhard: „Biologische Wirkungen“.

[15] s. z. B. bei R. Knippers: Molekulare Genetik, Georg Thieme-Verlag, Stuttgart 1971.

[16] E. Schrödinger: What is life, a.a.O.

Geschichtlichkeit ist nicht nur für Lebewesen gegeben — sie gilt ebenso für das Weltall wie für ein Stück Stein. Seine Gestalt reflektiert die Ereignisse, die zu ihr geführt haben. Wesentlich ist — wie wir schon vorher betonten — die *Erhaltung der Gestalt* bei der Vermehrung, sie setzt Informationsspeicherung, ihre Weitergabe und ihre Expression voraus. Es ist von daher verständlich, daß sich moderne Evolutionstheorien (z. B. die von M. *Eigen*)[18], auf die wir weiter unter eingehen, vor allem mit diesem Aspekt beschäftigen.

Obwohl abstammungstheoretische Ansätze weit älter sind und z. T. bis ins griechische Altertum zu verfolgen sind, beginnt die eigentliche Evolutionsforschung mit Charles *Darwins* epochemachendem Werk „The origin of species" im Jahre 1859. Es kommt sicher nicht von ungefähr, daß zur selben Zeit — nämlich 1865 — durch *Clausius* der Entropiesatz formuliert wurde. Beiden Theorien gemeinsam ist, daß die Zeit in ihnen eine besondere Rolle spielt, nicht als Intervall, sondern als eine gerichtete Größe. Erst wenn die Zeit eine Richtung besitzt, wenn man also Zukunft und Vergangenheit unterscheiden kann, läßt sich von Geschichte sprechen. Die Gesetze der klassischen Mechanik sind gegenüber der Zeitrichtung invariant, weil sie reversible Vorgänge beschreiben. Der zweite Hauptsatz weicht hiervon ab, indem er feststellt, daß in einem abgeschlossenen System die Entropie nur zunehmen kann. Damit ist die Zeitrichtung durch die Vermehrung der Entropie festgelegt. Durch den zweiten Hauptsatz erfahren also Zukunft und Vergangenheit ihre physikalische Begründung. Diese Überlegung, die vor allem auf *Eddington*[19] zurückgeht, erscheint überzeugend, ist aber so nicht haltbar. Zunächst einmal ist die Entropie — wie wir erläutert haben — eine statistische Größe. Der zweite Hauptsatz sagt also, daß in der Zukunft die thermodynamische Wahrscheinlichkeit größer sein wird als im jetzigen Augenblick. Mit demselben Argument könnte man aber auch folgern, daß die Wahrscheinlichkeit in der Vergangenheit größer gewesen sein muß, also auch die Entropie. Dies widerspricht nun aber der physikalischen Gesetz-

---

[17] C. F. von Weizsäcker: Die Geschichte der Natur, Vandenhoeck und Ruprecht, Göttingen, 3. Auflage 1956, S. 90.
[18] M. Eigen: Selforganization of matter and the evolution of biological macromolecules, Naturwissenschaften *58*, 465 (1971). Eine ausführliche Darstellung der Eigenschen Vorstellungen unter Verzicht auf spezielle physikalische und mathematische Ableitungen findet man bei W. Stegmüller. Hauptströmungen der Gegenwartsphilosophie, Kröner-Verlag, Stuttgart 1975, Band II, S. 413 ff.
[19] A. Eddington: The nature of the physical world, Everman's Library No. 922, J. M. Dentek Sons, London 1955.

mäßigkeit. Aus der statistischen Formulierung des Entropiesatzes folgt also *nicht* die Unterscheidbarkeit von Vergangenheit und Zukunft. Der Grund hierfür liegt darin, daß Wahrscheinlichkeitsüberlegungen nur für die Prognose, nicht aber für die Retrospektive sinnvoll sind. „Zukünftige Ereignisse sind möglich. Vergangene Ereignisse sind faktisch[20]." Der zweite Hauptsatz begründet also nicht die Geschichtlichkeit, er setzt sie vielmehr voraus. Eine ausführlichere Diskussion dieser Problematik hat *Weizsäcker* durchgeführt[20].

Ähnlich verhält es sich mit der Evolutionstheorie, gewissermaßen mit umgekehrtem Vorzeichen. Sie beinhaltet, daß die Entwicklung der Lebewesen von einfachen zu immer komplexer werdenden Strukturen stattgefunden hat, und zwar durch das Wechselspiel von zufälligen vererbbaren Veränderungen und nachfolgender Selektion. Sie enthält also ebenfalls ein tragendes statistisches Element. Aus einer analogen Anwendung des oben gebrauchten Arguments folgt dann aber zwingend, daß auch die Evolutionstheorie die Geschichtlichkeit nicht begründet, sondern voraussetzt. Es erscheint nun noch weniger zufällig, daß beide Vorstellungen zur gleichen Zeit entstanden. In dieser Tatsache spiegelt sich die Bewußtwerdung der Geschichtlichkeit der Natur.

Wir müssen es uns hier versagen, der historischen Ausformung des Evolutionsgedankens nachzugehen. Seinen ersten entscheidenden Höhepunkt findet er bei *Darwin*. Danach beruht die Entwicklung der Lebewesen auf zwei Grundlagen, der natürlichen Variabilität der Lebewesen und der Selektion der Geeigneten „(Survival of the fittest", diese Formulierung stammt ursprünglich von Russel *Wallace*)[21]. In der heutigen Terminologie identifiziert man die natürliche Variabilität, die von *Darwin* als gegeben hingenommen wurde, mit spontanen Veränderungen des Erbgutes — Mutationen. Nach aller unserer Kenntnis verlaufen sie zufällig, eine gerichtete Mutations*erzeugung* erscheint aus heutiger Sicht unmöglich. Selbst wenn sie gelänge, ändert dies nichts an der Tatsache, daß die überwiegende Mehrzahl der Mutationen Zufallsereignisse sind. Die Selektion geeigneter Mutanten erfolgt durch günstige oder ungünstige Umweltsbedingungen. Viele Biologen, vor allem *Waddington*[22], haben auf eine wichtige Tatsache hingewiesen: die Variabilität wurzelt im Geno-

[20] C. F. von Weizsäcker: Die Geschichte der Natur, a.a.O. sowie C. F. von Weizsäcker: Die Einheit der Natur, dtv-Wissenschaftliche Reihe, München 1974, Teil II, 2. [erstmals veröffentlicht in: Annalen der Physik *36*, 275 (1939)].

[21] A. R. Wallace: My life, London 1905, zitiert nach: S. F. Mason: Geschichte der Naturwissenschaft, Kröner-Verlag, Stuttgart 1974, 2. Auflage, S. 493.

typ, die Selektion wirkt jedoch auf seine tatsächliche Ausprägung, den Phänotyp. Es erscheint notwendig, an dieser Stelle auf eine mögliche Mißinterpretation des zentralen Dogmas der Molekularbiologie, der Unidirektionalität der Informationsübertragung von der DNS auf die Proteine, hinzuweisen: Der Phänotyp ist zwar genetisch bedingt, dies ist aber keineswegs so zu verstehen, daß ein bestimmter Genotyp eindeutig zu einem ganz bestimmten Phänotyp führt. Es ist vielmehr so, daß die Umweltbedingungen eine ganz entscheidende Rolle spielen. Und selbst bei ihrer Konstanz zeigen genetisch identische Individuen noch eine Variabilität ihrer Merkmale. Das ist darauf zurückzuführen, daß auch die kleinsten Lebewesen über eine sehr große Zahl von Genen verfügen. Von ihnen werden durchaus nicht alle jederzeit zur Ausprägung kommen, vielmehr bestimmen Genprodukte — Proteine — auch, ob bestimmte Gene „ab- oder angeschaltet" werden. Durch die Vielzahl möglicher Wechselwirkungen zeigt sich zwischen Genotyp und Phänotyp — der sogenannten „epigenetischen Ebene" — wieder eine Möglichkeit der statistischen Interaktion, damit aber auch der möglichen optimalen Anpassung an die Umwelt. Sie beeinflußt zwar nicht den Aufbau der genetischen Information, aber sie löst auf der epigenetischen Ebene Regelmechanismen aus, die der Ermittlung der richtigen Strategie bei einem Spiel ähneln. Die epigenetische Ebene stellt ein typisches offenes System dar, das dazu tendiert, sich in einem Fließgleichgewicht zu stabilisieren. Seine Lage wird von den „Außenbedingungen" bestimmt, der genetischen Information und dem Milieu. Zu diesem Prozeß wird freie Energie benötigt, als „geeignets" wird dasjenige System anzusehen sein, das sein Fließgleichgewicht mit dem geringstmöglichen Einsatz an freier Energie — bei gegebenen Außenbedingungen — erhalten kann.

Hier kommt also wieder der Wirkungsgrad der Energieverwertung zum Tragen, und damit natürlich — gewissermaßen durch die Hintertür — die Entropie. Wir hatten schon früher darauf hingewiesen, daß ein hoher Nutzeffekt Strukturierung voraussetzt, und zwar aus physikalischen Gründen. Damit folgt aus physikalischen Überlegungen, daß die Evolution zu immer komplexeren Strukturen fortschreiten muß — auch darauf wurde schon hingewiesen.

Aus allen bisher angestellten Überlegungen folgt nun allerdings bisher keineswegs, daß der Verlauf der Evolution physikalisch erklärbar

---

²² C. H. Waddington: Der gegenwärtige Stand der Evolutionstheorie in: Das neue Menschenbild (Her. A. Koestler, J. R. Smithies). F. Molden-Verlag, Wien—München—Zürich 1970, S. 342 ff.

ist. Wir müssen uns zunächst mit einem statistisch begründeten Argument auseinandersetzen: Falls die Evolution tatsächlich nach dem Prinzip des „trial and error" verfahren wäre, so könnte man unschwer abschätzen, daß die abgelaufene Zeit zum Durchspielen aller Möglichkeiten niemals hätte ausreichen können. Dies ist eine beliebte „Beweisführung" derjenigen, die in der Evolution das Walten außerphysikalischer Gesetzmäßigkeiten erkennen möchten, z. B. durch die Ausnahme gerichteter nicht zufallsverteilter Mutationen. Dem ist zunächst mit *Weizsäcker*[23] zu entgegnen, daß der Weg der Entwicklung nicht genau nachzuvollziehen ist. Somit wird die Abschätzung der Wahrscheinlichkeiten sehr schwierig. Jeder Weg, der sich hieraus ergibt, wird wahrscheinlich zu lang sein, da nicht ausgeschlossen werden kann, daß noch einfachere Wege zum selben Ziel führen. Damit steht aber die ganze Schlußkette auf sehr schwachen Füßen. Ein weiteres Argument erscheint mir jedoch ungemein gewichtiger: Die oben gemachte Überlegung setzt voraus, daß der Weg der Evolution vorgezeichnet war und daß die Natur bei jedem Schritt so lange probieren mußte, bis der „richtige" Verzweigungspunkt gefunden war. Nun ist aber unsere irdische Evolution der Lebewesen nur eine von unendlich vielen möglichen. Daß die Entwicklung des Lebens so verlief, wie sie sich uns heute darstellt, macht ihre geschichtliche Einmaligkeit aus. In Erweiterung des oben angeführten *Weizsäcker*schen Arguments zum Verhältnis von Zeitrichtung und zweitem Hauptsatz muß man zu dem Schluß kommen, daß die Anwendung von Wahrscheinlichkeitsüberlegungen auf die Vergangenheit sinnlos ist, denn „sie ist faktisch". In Wirklichkeit handelt es sich bei allen Versuchen, die Unmöglichkeit der Evolutionstheorie statistisch zu „beweisen", um einen Zirkelschluß: Es wird vorausgesetzt, daß die Entstehung der Lebewesen so verlaufen *mußte*, wie sie sich abspielte (also nach Plan) und dann statistisch gezeigt, daß dies nicht auf Grund von Zufallsprozessen möglich war, woraus auf das Vorhandensein einer steuernden Kraft — eben eines Plans — geschlossen wird. Ich glaube, die Fehlerhaftigkeit der Beweisführung ist evident.

Es kann also gar nicht darum gehen, zu fragen, ob sich die faktische Evolution aus den Gesetzen der Physik ableiten läßt, sondern nur darum, ob sie mit ihnen vereinbar ist. Diese Diskussion ist auf verschiedenen Stufen zu führen:

1. Die Entstehung „selbstreproduzierender Systeme".

Damit ist gemeint das Netzwerk von Informationsspeicher und Informationsexpression, wie es in der Zelle durch DNS und Protein ge-

---

[23] C. F. von Weizsäcker: Die Einheit der Natur, a.a.O.

geben ist und das gleichzeitig die Potenz besitzt, sich selbst identisch zu reduplizieren. Hier ist — ohne daß wir auf Einzelheiten eingehen können — auf Manfred *Eigen*[24] zu verweisen, der in einer sehr eingehenden physikalischen Analyse gezeigt hat, wie dieser erste Schritt der Lebensentstehung zu verstehen ist.

2. Die Möglichkeit der Entwicklung.

Sie setzt voraus, daß die Information veränderbar ist, jedoch nur in einem Maße, das die Konstanz des Grundprinzips gewährleistet. Sie ist gegeben durch die Mutabilität des genetischen Materials und durch die Trennung von Informationsspeicher (DNS) und Informationsexpression (Protein). Die Möglichkeit der Veränderung schafft allerdings nur die Voraussetzung der Evolution, sie macht sie nicht notwendig. Mutationen erfolgen nach Zufallsgesetzen, die Evolution aber führte offenbar zu immer komplexeren Strukturen.

3. Die Richtung der Evolution:

Dies ist offenbar die schwierigste Frage, weil hier nach erstem Augenschein die Gesetze der Physik — vor allem der zweite Hauptsatz — verletzt zu sein scheint. Wie wir ausgeführt haben, ist dieser Widerspruch nur scheinbar, im Gegenteil, die konsequente Anwendung physikalischer Prinzipien *fordert*, daß die Evolution zu immer komplexeren Strukturen führen muß. Die zufällig entstandenen Mutanten stehen in Interaktion mit ihrer Umwelt. Ihre Existenz beruht darauf, daß sie Stoff und Energie austauschen. Diejenigen, bei denen Erhaltung und Reproduktion den geringsten Betrag an freier Energie erfordern, die also in der Lage sind, die zur Verfügung stehenden Ressourcen besser als ihre Konkurrenten zu nutzen, werden nur überleben, die anderen müssen zwangsläufig untergehen.

Zum Abschluß dieses Abschnitts sei unsere Analyse kurz zusammengefaßt: Die Entstehung selbstproduzierender Systeme ist physikalisch möglich, damit ist sie aber auch wahrscheinlich, wie gering diese Wahrscheinlichkeit auch immer sei. Die spezielle Form setzte bestimmte Bedingungen auf der Erdoberfläche voraus. Laborversuche haben ergeben, daß in der „Uratmosphäre" die Bildung von Nukleinsäuren und Proteinen möglich war. Die Voraussetzungen waren also gegeben. Durch die Trennung von Information (DNS) und Funktion (Protein) ist die „Erhaltung der Gestalt" prinzipiell gesichert. Die Mutabilität schafft die Voraussetzung der Evolution. Das zufallsbedingte Mutantenspektrum muß

---

[24] s. Anmerkung 18.

sich in der Wechselwirkung mit der Umwelt bewähren. Der Stoffwechsel ist eine physikalische Notwendigkeit der Gestalterhaltung. Nur diejenigen Organismen werden überleben, die von allen im Wettbewerb stehenden den besten Gebrauch von der zur Verfügung stehenden freien Energie machen, d. h. welche den höchsten physikalischen Wirkungsgrad besitzen. Dieser ist jedoch — wie wir versucht haben zu zeigen — mit der Strukturgebundenheit der Prozesse eng verknüpft. Das führt notwendigerweise dazu — was zunächst paradox erscheint —, daß aus dem zufälligen Mutantenspektrum diejenigen selegiert werden, welche am besten struktuiert sind. Damit ist die grundsätzliche Richtung der Evolution — nicht jedoch ihr faktischer Verlauf — physikalisch vorgegeben. Wie wir schon vorher betont haben: mit der Entstehung selbstreproduzierender offener Systeme war die Evolution prinzipiell vorgesehen, und zwar auf Grund physikalischer Überlegungen.

5. Schlußbetrachtung

Lebende Systeme widersprechen also nicht den Gesetzen der Physik — im Gegenteil, durch die Beschäftigung mit ihnen gewinnt der Physiker neue tiefere Einsichten in Zusammenhänge seiner Wissenschaft. Der Mechanismus-Vitalismus-Streit ist obsolet geworden, aber es verbleibt ein Rest von Unbehagen: Ist Leben also *nur* Physik, wenn auch in komplizierter Ausprägung? Das Streben nach Reduktion der Probleme, von dem am Anfang die Rede war, sollte uns nicht zu weit tragen — wir haben in diesem Kapitel nach Eigenschaften biologischer Systeme gefragt, die in der Sprache der Physik beschreibbar sind und haben festgestellt, daß sie physikalischen Gesetzmäßigkeiten nicht widersprechen. Damit ist aber nur ein verschwindend kleiner Aspekt des Lebendigen herausgegriffen. Doch schon hier mußten wir einen Begriff einbeziehen, welcher der Physik fremd ist, die Geschichtlichkeit. Sie ist weder aus dem zweiten Hauptsatz der Thermodynamik noch aus der Evolutionstheorie ableitbar, wie wir gezeigt haben. Die Erkenntnis des Lebendigen — auch in seinen physikalischen Gegebenheiten — setzt Leben voraus, nämlich uns selbst als Analysierende. Und so wird klar, daß wir Leben nicht „ab initio erklären" können. Unsere eigene Existenz widerspricht nicht den Gesetzen der Physik, aber sie kann durch sie auch nicht erklärt werden, da wir gleichzeitig Subjekt und Objekt sind, zur selben Zeit Explanans und Explanandum. Wenn dies schon für die vergleichsweise einfachen Tatbestände physikalischer Zusammenhänge gilt, wie viel mehr käme es erst zum Tragen bei dem, was menschliches Leben im eigentlichen Sinne ausmacht, dem Glauben, Lieben, Hoffen ... Doch damit verläßt der Physiker sein angestammtes Fachgebiet; er reiht sich ein in Demut — auch davon sprachen wir schon am Anfang — in den Kreis derjenigen, die staunend bewundern.

Kann Biologie zur Physiko-Chemie
reduziert werden?

Von Zdzislaw Kochanski*

1. Zur Fragestellung

Die Konfrontation mit dem Titel des vorliegenden Essays könnte im unbefangenen Leser vor allem den Gedanken veranlassen, warum diese Frage überhaupt und warum sie in dieser Form aufgeworfen wird. Warum diskutiert man, ob Biologie eben zur Physio-Chemie oder, kurz gesagt, zur Physik reduziert werden kann? Warum wird z. B. nicht von Reduktion der Physik zur Biologie gesprochen, die Frage also umgekehrt formuliert? Warum wird im Hinblick auf die Biologie das Problem der Reduzierbarkeit überhaupt akut — gleichgültig, welche Wissenschaft Basis für die Reduktion darstellen soll?

Die Antwort auf diese und ähnliche Fragen läßt sich wohl aus dem Bereich unserer Kenntnisse über die Struktur der Realität (d. i. über die Gegenstände der Biologie, der Physik und der anderen Naturwissenschaften), wie auch aus dem Einfluß, den die zweihundertjährige abendländische Tradition der philosophischen und wissenschaftlichen Entwicklung auf unsere Denkweise und Fragestellungen ausgeübt hat, ableiten.

So besteht heute kein Zweifel, daß die Objekte der biologischen Forschung, die lebenden Organismen, aus denselben „Bausteinen" wie die leblose Materie bestehen. Die subatomaren Elementarteilchen und die Atome, die das körperliche Gefüge der Lebewesen gestalten, unterscheiden sich nicht von jenen, die die Welt der unbelebten Umgebung der Organismen aufbauen. Die atomaren „Bausteine" der Lebewesen sind nicht nur theoretisch durch „leblose" Atome ersetzbar, sondern werden tatsächlich im Laufe des Lebensprozesses dauernd durch solche ersetzt. In diesem Zusammenhang scheint die Frage naheliegend, ob die Eigenschaften und das Verhalten der Organismen durch die Eigenschaften und das

---

* Der Autor ist am 5. 3. 1978 verstorben. Der vorliegende Beitrag wurde vom Herausgeber an einigen Stellen gekürzt.

Verhalten ihrer einzelnen Komponenten, Elementarteilchen und Atome erklärbar sind. Die Gesetze, die das Verhalten dieser Elementarteilchen und Atome beherrschen, sind aber Gegenstand der Forschung der Physik. Sollte also die Biologie nicht dem Beispiel der Chemie folgen, die die Eigenschaften und das Verhalten der supraatomaren Strukturen, der Moleküle, zum Gegenstand ihrer Untersuchungen macht und in den letzten fünfzig Jahren mehr und mehr in die Physik integriert wurde?

1.1 Zur Geschichte dieser Frage

So wie die zeitgenössische Auseinandersetzung um die Frage der Reduzierbarkeit zu einem Teil den gegenwärtigen Stand unserer Naturerkenntnisse reflektiert, so basiert sie zum anderen auch auf der philosophischen Tradition und *der Geschichte* der Entwicklung der modernen Naturwissenschaften. Die Tendenzen, das Phänomen Leben nach denselben Prinzipien zu erklären, die auch zur Erklärung der Erscheinungen in der unbelebten Natur dienen, reichen bis ins 5. Jahrhundert v. Chr., zur ältesten griechischen materialistischen Naturphilosophie zurück. So zu der Lehre des *Empedokles* (490 - 430 v. Chr.?), daß alle Veränderungen in der Welt, Leben und Tod eingeschlossen, durch die Sammlung und Zerstreuung der Grundbestandteile der Materie, ihrer „vier Elemente" (Feuer, Wasser, Luft und Erde), zu erklären sind oder der Lehre des *Demokrit* (vermutl. zwischen 460 und 360 v. Chr.), daß die Eigenschaften aller Dinge, der Lebewesen eingeschlossen, auf die Gestalt, Größe, Zahl und die Bewegung der kleinsten unteilbaren Teilchen, der Atome, zurückzuführen sind.

Aristoteles (384 - 322 v. Chr.) dagegen möchte das Leben als qualitativ verschieden von der unbelebten Natur sehen. Sein Weltbild beschreibt die Wirklichkeit als eine qualitativ vielstufige Hierarchie von Dingen („Substanzen"), wobei jedes Ding eine aus zwei Elementen gebildete Einheit darstellt: das eine ein passives Substrat (in aristotelischer Terminologie „die Materie"), das andere dagegen das aktive, das Wesen der Dinge realisierende Prinzip (die sogenannte „Form"), das zugleich für die wesentlichen, artspezifischen Eigenschaften der Dinge verantwortlich ist. Auch im Bereich des Lebendigen ist diese allgemeine hierarchische Ordnung der Wirklichkeit präsent. *Aristoteles* unterscheidet demnach drei Stufen des Lebens:

a) Das vegetative Leben, das durch seine immanente Fähigkeit der Ernährung, des Wachstums, der Reizempfindlichkeit und Fortpflanzung gekennzeichnet ist. Die „vegetative Form", die das aktive, integrierende und zielstrebige Prinzip darstellt, befähigt das passive, materielle Substrat dazu. Die Pflanzen würden zu dieser Stufe des Lebens gehören.

b) Das tierische Leben, das außer den von der „vegetativen Form" bestimmten Fähigkeiten noch die Fähigkeit zu freiwilliger Bewegung und Sinnesempfindlichkeit besitzt. Die vegetative (pflanzliche) Substanz funktioniert hier als passives materielles Substrat, die spezielle höhere „animalische Form" dagegen stattet die Tiere mit vergleichsweise höheren Fähigkeiten aus.

c) Das mit Vernunft und Bewußtsein ausgestattete Leben, das seine spezifischen Eigenschaften der „denkenden Form" verdankt. Der tierische Organismus agiert hier als materielles Substrat. Nur die Menschen gehören zu dieser Stufe des Lebens, da sie nicht nur vegetative Aktivitäten, die Fähigkeit zu freiwilliger Bewegung und Sinnesempfindlichkeit aufweisen, sondern auch die Fähigkeit zu intellektueller Aktivität und den Willen besitzen.

Die aristotelische pluralistische Hierarchie der Substanzen und der ihnen entsprechenden Formen schließt natürlich die Möglichkeit einer exakten Erklärung der Erscheinungen der höheren hierarchischen Ebene durch das Geschehen auf der niedrigeren Stufe grundsätzlich aus.

So initiierten *Empedokles* und *Demokrit* einerseits und *Aristoteles* andererseits zwei gegensätzliche Tendenzen, zwei Denkweisen, deren Spuren die gesamte Geschichte der Entwicklung der Biologie durchziehen und auch noch in den gegenwärtigen Auseinandersetzungen über die Reduzierbarkeitsfrage zu finden sind[1].

1.2 Der Mechanismus/Vitalismus-Streit

Die an *Empedokles* und *Demokrit* anknüpfende Richtung, die seit dem 19. Jahrhundert als „biologischer Mechanismus" bezeichnet wird, wird gewöhnlich mit dem Namen des großen Denkers des 17. Jahrhunderts, René *Descartes* (1596 - 1650), verbunden, der als ihr unmittelbarer Begründer gilt. Er behauptet zwar, daß die psychischen Fähigkeiten des Menschen von den Aktivitäten einer nicht-materiellen Seele herrühren, ersetzt aber die Vielfalt der aristotelischen Formen durch einheitliche

---

[1] Vgl. H. Hein: Molecular Biology versus Organicism: The Enduring Dispute Between Mechanism and Vitalism. Synthese 20, No. 2 (1969), S. 238 - 253. — G. Montalenti: From Aristotle to Democritus via Darwin: A Short Survey of a Long Historical and Logical Journey. In: Studies in the Philosophy of Biology. Reduction and Related Problems. F. J. Ayala and Th. Dobzhansky, eds., Berkeley, Los Angeles 1974, S. 3 - 19.

physikalische Prinzipien, aus welchen sich die gesamte Natur seiner Meinung nach erklären ließe. Er betrachtet alle lebendigen Organismen, den menschlichen Körper in seiner biologischen Tätigkeit einschließend, als hochkomplizierte Mechanismen, als „Maschinen", deren Funktionen nur den Gesetzen der *Newton*schen Mechanik unterworfen seien.

Allgemeiner betrachtet könnte man den „biologischen Mechanismus" als eine sowohl metaphysische als auch methodologische Lehre sehen, nach der die Lebensprozesse ausschließlich von denselben Kräften und Gesetzen, die auch für die unbelebte Natur gelten, beherrscht und erklärbar sind.

Dem jeweiligen Stand der Kenntnisse über die unbelebte Natur entsprechend und der Entwicklung der Physik folgend, änderte der biologische Mechanismus mehrmals seine Postulate. Anfänglich waren es die Gesetze der *Newton*schen Mechanik, die als Basis für die Erklärung des Phänomens Leben dienten, später, im 19. Jahrhundert, war der Mechanismus, vom Worte her gesehen, eigentlich nicht mehr „mechanistisch", da er, über die Mechanik hinausgehend, die Gesamtheit der Theorien und Gesetze der damaligen Physik und Chemie als hinreichende Erklärungsgrundlage für die Erscheinungen des Lebens betrachtete. Heute hofft der Mechanismus, oder wenigstens mancher seiner Anhänger, die Lösung aller offenen Probleme der Biologie im Bereich der Quantenmechanik und der Molekularbiologie zu finden.

Die Vorsichtigsten unter den heutigen Mechanisten vermeiden jedoch jegliche Spezifizierung der Theorien und Gesetze der Physik und Chemie, die zur Erklärung der Lebenserscheinungen allein durch die Kräfte und Gesetzmäßigkeiten der unbelebten Natur herangezogen werden könnten. Sie vermeiden auch Prognosen über die Zeit, in der die Reduktion vollendet werden könnte, ja, sie räumen sogar manchmal die Möglichkeit ein, daß dieses Ziel tatsächlich nie erreicht werden könne, betonen aber gleichzeitig, daß es prinzipiell doch möglich sei, alle Erscheinungen physikalisch zu erklären und es keine unüberwindlichen Hindernisse auf dem Weg in dieser Richtung gäbe. Obwohl die Gegner dieser Auffassung gerne alle ihre Sympathisanten als „Mechanisten" bezeichnen, akzeptieren doch nicht alle der Betroffenen diese Etikettierung.

So verschieden sich auch der Mechanismus in der geschichtlichen Entwicklung und in der Gegenwart darstellen mag, so bilden doch auch seine Gegner keine einheitliche Gruppe. Direkt oder indirekt von der aristotelischen Lehre über die Vielfältigkeit von qualitativ verschiedenen „Formen" der „Substanzen" (Dinge) beeinflußt, prägte sich die antimechanistische Tendenz ursprünglich in Gestalt einer metaphysischen Theorie der speziellen „Lebenskraft" (vis vitalis) aus. Diese nicht-physikalische Kraft, die entweder als Ursache gesehen oder als steuernd und formierend wirkendes Prinzip verstanden wurde, sollte für die besondere Eigenschaft des Lebendigen verantwortlich sein. Verschiedene Autoren, die die Existenz einer solchen Kraft verkündeten, haben ihre Wirkungen verschieden beschrieben und ihr auch verschiedene Namen gegeben. Der Schüler des *Paracelsus, Van Helmont* (1577‑1644), nannte sie „Archaeus"; G. E. *Stahl* schrieb über die Seele („animus"); der schwedische Physiologe E. *Swedenborg* (1688‑ 1772) behauptete die Existenz eines „fluidum spirituosum"; der Begründer der epigenetischen Theorie der Embryogenese, K. F. *Wolff* (1734‑1794), betonte die Wirkung einer „vis essentialis"; der Anatom J. F. *Blumenbach* (1752‑1840) sprach von einer formativen Kraft" („nisus formativus"), usw.[2].

Während im 17. und 18. Jahrhundert die Mehrzahl der Biologen und Physiologen zur Idee einer besonderen „Lebenskraft", dem Vitalismus, tendierten, verschoben sich die Akzente im 19. Jahrhundert; es begann eine auffallende Abkehr vom Vitalismus. Als Wendepunkt kann man hier die Arbeiten F. *Wöhlers* über den Harnstoff (1828) ansehen, in denen er nachweist, daß diese organische Substanz, die bisher nur als Produkt von Lebewesen betrachtet und daher als spezifisches Resultat der Wirkungen der Lebenskraft angesehen wurde, auch außerhalb des Organismus synthetisiert werden kann. Wenige Jahrzehnte darauf hatte sich die allgemeine Haltung gegenüber der Frage der Anwendbarkeit der Gesetze von Physik und Chemie zur Erklärung der Erscheinungen des Lebens grundlegend geändert: „Um 1800 war es den Physikern und Chemikern überlassen zu zeigen, *daß* ihre Gesetze für Organismen gelten; doch um 1860 mußten die Physiologen zeigen, daß sie *nicht* zutrafen. Zu dieser Zeit hatte *Liebig* die Chemie der Verdauung analysiert[3] und *Helmholtz* demonstriert, daß man das Gesetz von der Erhaltung der Energie auf Organismen anwenden konnte. Die Erfahrung deutete mehr und mehr

---

[2] Ein ausführliches Verzeichnis der vielfältigen Bezeichnungen des vitalistischen Begriffes der Lebenskraft findet sich bei A. Mittasch: Entelechie. Basel 1952.

[3] Es ist festzustellen, daß J. Liebig persönlich eher zum Vitalismus neigte. So schrieb er z. B.: „Unter dem Einfluß eines nichtchemischen Agens (Leben, Lebenskraft) wirken chemische Kräfte auch im Organismus. Durch die Leitung dieser dominierenden Kraft und nicht unabhängig davon ordnen sich Elemente in chemische Substanzen ein, in derselben Weise, in welcher der intelligente Wille des Chemikers sie zwingt, sich außerhalb des Organismus zu vereinigen..." (zitiert nach A. Mittasch, a.a.O., S. 15).

darauf hin, daß organische Prozesse trotz ihrer Komplexität — wie alle anderen — mit physikalisch-chemischen Prinzipien übereinstimmen[4]."

Obwohl aber während der zweiten Hälfte des 19. Jahrhunderts mehr und mehr Phänomene, die früher als spezifisches Wirkungsfeld der „Lebenskraft" interpretiert worden waren, physikochemisch erklärt werden konnten und der Mechanismus dadurch ungeheuren Auftrieb erhielt, schlug doch das Pendel zu Beginn des 20. Jahrhunderts wieder in Richtung des Vitalismus um. Eine Welle der Erneuerung der Theorie von der Lebenskraft setzte ein. Diese Entwicklung kann vor allem mit dem Namen des deutschen Embryologen und Naturphilosophen Hans *Driesch* verbunden werden. Der spektakuläre Charakter seiner ausnehmend gut durchdachten und technisch feinfühligen Experimente und die exzeptionelle Gabe, seine Vorstellungen über ihre philosophische Deutung in seinen zahlreichen Publikationen auch einem breiteren Publikum verständlich nahezubringen, mögen wesentlich dazu beigetragen haben. Den zur Jahrhundertwende allgemein akzeptierten Vorstellungen solch prominenter Biologen wie August *Weismann* und Wilhelm *Roux* nach sollte ein befruchtetes Ei und der sich daraus entwickelnde Keim ein strukturelles Mosaik der eigenen Komponenten darstellen. Das Schicksal eines jeden dieser Einzelteile und ihr weiterer Entwicklungsgang sollte bereits durch den ursprünglich gegebenen Anfangszustand der eigenen Struktur festgelegt, „gebahnt", prädeterminiert sein. *Driesch* hat dagegen unwiderleglich bewiesen, daß diese präformistische Theorie der Embryogenese fehlgeht. Durch geschickte Trennung von Einzelzellen des Seeigelkeimes nach der ersten oder zweiten Zellteilung zeigte er, daß die $1/2$-, ja sogar die $1/4$-Blastomeren des Keimes, die sich bei normaler Entwicklung immer nur in *bestimmte* Organe des Embryos entwickeln, imstande sind, vollständige Embryonen zu liefern. Weitere Experimente, die *Driesch* mit Seeigelkeimen und Hans *Spemann* und dessen Schüler mit Amphibienkeimen durchführten, bewiesen, daß — wenigstens bei diesen Tieren — nicht nur geteilte $1/4$-Keime, sondern auch zwei verschiedene Keime, die zu einem einzigen verschmolzen wurden, auch Keime, bei welchen die räumliche Position der Einzelblastomeren durch Pressen vollständig verlagert wurde, zu einer Selbstregulation und zur Entwicklung normaler Embryonen fähig sind, solange der Eingriff während der ersten Entwicklungsstufen stattfindet.

Driesch aber zog aus den Ergebnissen seiner Experimente nicht nur die Schlußfolgerung, daß er damit die *Roux*sche präformistische Theorie

---

[4] St. Toulmin and J. Goodfield: Materie und Leben. München 1970, S. 362.

der Embryogenese widerlegt habe, sondern glaubte, daß er damit auch einen direkten Beweis für den Vitalismus als solchen geliefert habe. Denn während keine Maschine sich selbst aus einem ihrer Bestandteile zu einem neuen Ganzen wiederaufbauen könne, bilde ein lebendiges Wesen im Gegensatz dazu ein „harmonisch-äquipotentielles System", das trotz Störungen und trotz unterschiedlicher Anfangsbedingungen denselben Endzustand, dasselbe Ziel wie bei ungestörter Entwicklung erreichen könne. Diese spezifische Fähigkeit der Organismen sei auf das Wirken eines besonderen Wesens, das *Driesch,* ein von *Aristoteles* entlehntes Wort benutzend, „die Entelechie" nannte, zurückzuführen. „Die Entelechie", welche „das Ziel in sich trägt", steuere in zielgerichteter Weise alle Lebensvorgänge. Sie sei nicht physikalischer Natur, sie existiere nicht im Raum: „Sie wirkt nicht im Raum. Sie wirkt in den Raum hinein". Und obwohl *Driesch* verkündete, daß „Entelechie sich auf den Raum beziehe und daher zur Natur gehöre", soll diese Entelechie doch nicht der empirischen Forschung zugänglich sein[5].

1.3 Organismische Auffassung: Der moderne Versuch, den Mechanismus/Vitalismus-Streit zu überwinden

Jenseits von Vitalismus und Mechanismus, als Negation beider Richtungen und als Versuch der Überwindung des Mechanismus/Vitalismus-Streites, entwickelte sich vor etwa 50 Jahren der „Organizismus" oder die „organismische" Auffassung[6]. Wie der Vitalismus betont der Organi-

---

[5] E. Nordenskjöld: Geschichte der Biologie. Jena 1926. Unv. Neudr. Wiesbaden 1967.

[6] Der Ausdruck „organismisch", in englischer Sprache „organismic", in seiner ursprünglichen Form „organismal", wurde erstmals vom amerikanischen Zoologen W. E. Ritter verwendet (s. a. M. Beckner: Organismic Biology. Encyclopedia of Philosophy. P. Edwards, ed. in chief, Vol. V, New York, London 1967, S. 549 bis 551). Ritter scheint auch als erster die organismische Auffassung dargelegt zu haben. L. von Bertalanffy, der sicherlich der prominenteste Vertreter dieser Richtung war, gab zwar im ersten Band seiner „Theoretischen Biologie" (Berlin 1932, S. 87) zu, daß die bis dato umfassendste Darlegung des „organismischen" Problems von Ritter und Baily (The Organismal Conception. Univ. of Calif. Publ. in Zoology, 31, 1928) stammte, erhob aber Anspruch auf die Priorität dieser Idee. So schrieb er im Vorwort zur „Theoretischen Biologie": „Ungefähr gleichzeitig mit unserer ‚Kritischen Theorie der Formbildung' erschien ‚The Organismal Conception' von W. E. Ritter und E. W. Baily, zwei Jahre nach ihr E. S. Russels ‚Interpretation of Development and Heredity' (1930), die, ohne freilich unseren Namen zu nennen, fast wörtlich ähnliche Formulierungen brachte, wie unser erwähntes Buch" (op. cit., S. VI). Offenbar kannte Bertalanffy das bereits 1919 erschienene Buch W. E. Ritters nicht.

zismus sowohl den Ganzheitscharakter des Lebendigen, als auch die Autonomie und Nichtreduzierbarkeit der Biowissenschaften zur Physiko-Chemie; im Gegensatz zum Vitalismus aber vermeidet oder verurteilt er sogar explizit die Einführung transzendenter Faktoren in die biologische Theorie. Einer der prominentesten Vertreter der organismischen Richtung, L. *von Bertalanffy*, charakterisiert ihre Leitsätze folgendermaßen:

„... *Ganzheitliche Systemauffassung* gegenüber der *analytisch-summativen*; *dynamische Auffassung* gegenüber der *statischen und maschinellen*; Betrachtungen des Organismus als einer *primären Aktivität* gegenüber der Auffassung von seiner *primären Reaktivität*. Diese Leitsätze führen ... zur Überwindung des Streites zwischen Mechanismus und Vitalismus. Beide beruhten auf der analytisch-summativen und maschinentheoretischen Auffassung ... Dem gegenüber steht eine organismische Auffassung. Es genügt zur Erkenntnis der Lebenserscheinungen weder, die einzelnen Elemente und Vorgänge festzustellen, noch, ihre Ordnung auf maschinenartige Strukturen zurückzuführen, noch gar, als ordnenden Faktor eine Entelechie anzurufen. Notwendig ist sowohl die möglichst tief zu treibende Analyse, welche die einzelnen Komponenten feststellt, als auch die Kenntnis der Ordnungsgesetzmäßigkeiten, in denen Teile und Teilprozesse zusammengefaßt sind und die eben das für das Leben Kennzeichnende ausmachen. In der Auffindung dieser System- und Organisationsgesetze erblickt die organismische Auffassung die wesentliche und eigenartige Aufgabe der Biologie. Diese biologische Ordnung ist spezifisch und geht über die Gesetzmäßigkeiten im Bereich des Unbelebten hinaus ... In diesem Sinn erscheint in der organismischen Auffassung die Eigengesetzlichkeit des Lebens, die der Mechanismus nicht wahrhaben wollte und die der Vitalismus als metaphysisches Fragezeichen stehen ließ, als ein der Naturwissenschaft zugängliches und tatsächlich schon weitgehend erschlossenes Problem[7].“

Die hier zitierte Darstellung von Hauptprinzipien der organismischen Auffassung darf man aber nicht als repräsentativ für die gesamte Gedankenströmung des Organizismus betrachten. Denn der Organizismus ist in vielen Hinsichten zu wesentlich größerem Maßstabe, als dies auf den Mechanismus oder den Vitalismus zutraf, innerlich heterogen. Die Vielfalt seiner Varianten, die Verschiedenheit der verwendeten Terminologie und die Unzahl der einschlägigen Publikationen erlauben hier keine eingehende Analyse aller seiner Schattierungen[8]. In einem der

---

[7] L. von Bertalanffy: Das biologische Weltbild. 1. Band: Die Stellung des Lebens in Natur und Wissenschaft. Bern 1949, S. 30 - 31.

[8] Eine detaillierte Darstellung der verschiedenen Schattierungen des Organizismus und verwandter Auffassungen in der Biologie, Medizin, Psychologie und

folgenden Teile dieser Arbeit soll der Versuch unternommen werden, eine grobe, ausschließlich auf das Reduktionsproblem zielende Klassifikation der hauptsächlichen Variationen des Organizismus vorzunehmen.

1.4 Neuester Anlaß zur Wiederbelebung der Polemik: Erfolge und Ansprüche der Molekularbiologie

Obwohl der klassische Vitalismus in den letzten zwei Jahrzehnten, vor allem unter den Naturwissenschaftlern des englischsprachigen Kulturraumes, vielleicht gerade wegen der Einführung transzendenter, der empirischen Beobachtung unzugänglicher Faktoren, an Gewicht verloren hat, wurde gerade in dieser Zeit die Auseinandersetzung um die Frage der Reduzierbarkeit ausnehmend lebhaft. Zahlreiche internationale Konferenzen und Symposien widmeten sich diesem Thema, die Zahl der einschlägigen Publikationen geht in die Hunderte. Führende Naturwissenschaftler und Wissenschaftstheoretiker beteiligen sich an dieser Diskussion. Das Lager der Antireduktionisten, das ursprünglich zum Großteil aus Vitalisten bestand, setzt sich heute aus Vertretern der verschiedenen Varianten des Organizismus zusammen; der Reduktionismus wird überwiegend von Biochemikern und Wissenschaftstheoretikern repräsentiert. Die Gründe für die Aktualität dieser Problematik liegen auf der Hand — es sind die spektakulären Erfolge der Molekularbiologie. Kein Bereich der biologischen Forschung hat in diesem Jahrhundert eindrucksvollere Ergebnisse gebracht als jene, auf die sich die Untersuchung der Lebensphänomene auf der Molekularebene seit der Zeit der Entdeckung der molekularen Basis der Vererbung in der Mitte der fünfziger Jahre berufen kann. Man spricht über die „zweite (nach der *Darwinschen*) biologische Revolution". Dieser außerordentliche Erfolg der Molekularbiologie und der analytischen Methode, die, wie in der Physiko-Chemie, auch in der Biologie so fruchtbringend angewendet wurde, veranlaßte manche Molekularbiologen zu glauben, daß dieser Weg der Forschung der einzig fortschrittliche, legitime, ja sogar der einzig echt wissenschaftliche sei. Mehr noch, manche sehen in ihm auch *den* Weg, der schließlich zur Lösung *aller*, noch ungeklärter, Probleme der Biologie führen kann und wird[9]. So schrieb der Nobelpreisträger für die Mit-

---

Philosophie findet sich bei L. von Bertalanffy: Theoretische Biologie. 1. Band, a.a.O., S. V - VIII, 87 - 99, 169 - 185.

[9] Der Umstand, daß dieses aus dem Erfolg resultierende Selbstvertrauen mancher Molekularbiologen die Konsequenz einer historischen Entwicklung zu sein scheint, die von einer völlig entgegengesetzten Einstellung zur biologischen

entdeckung der DNA-Struktur, J. *Watson:* „Until recently, heredity has always seemed the most mysterious of life's characteristics. The current realization that the structure of DNA already allows us to understand practically all its fundamental features at the molecular level is thus most significant. We see not only that the laws of chemistry are sufficient for understanding protein structure, but also that they are consistent with all known hereditary phenomena. Complete certainty now exists among essentially all biochemists that the other characteristics of living organisms (for example...) will all be completely understood in terms of the coordinative interactions of small and large molecules. So we have complete confidence that further research, of the intensity recently given to genetics, will eventually provide man with the ability to describe with completeness the essential features that constitute life[10]."

Ähnlich äußerten sich auch andere prominente Molekularbiologen, so wie J. C. *Kendrew,* F. M. C. *Crick* und, allerdings mit größerer Vorsicht, G. S. *Stent*[11].

Nach der Entdeckung der DNA-Struktur, in den euphorischen und fruchtbarsten Jahren der Molekularbiologie, in denen eine Lawine erfolgreicher Forschungen auf molekularer Ebene ausgelöst wurde, häuften sich in wissenschaftlichen und populärwissenschaftlichen Publikationen die kategorischen Behauptungen, daß die Biochemie, nunmehr Molekularbiologie genannt, im Besitz der einzigen, echt wissenschaftlichen Methode

---

Forschung ausging, entbehrt nicht einer gewissen Ironie. Zum so spektakulären Erfolg der Molekularbiologie führte nämlich vor allem jene Forschungsrichtung, die voraussetzte, daß die „gewöhnlichen", bereits bekannten Gesetze der Physik und Chemie zur Erklärung der Lebensvorgänge *nicht* ausreichten und im Gange ihrer Forschung neue universale physikalische Gesetze entwickelt werden würden. Doch es haben sich weder die Hoffnungen auf Entdeckung neuer physikalischer Gesetze noch die Erwartungen erfüllt, daß man auf Widersprüche mit den akzeptierten Gesetzen der Molekularphysik und Biochemie stoßen werde. Nicht ohne Zutun der englischen strukturalistischen Schule der Biochemie, aber unter entscheidendem Einfluß der informationistischen Denkmethoden wurde die Molekularbasis der Vererbung enthüllt und erklärt, ohne daß dabei der Bereich der bekannten, „gewöhnlichen" physikochemischen Gesetzmäßigkeiten überschritten wurde. Diese Entdeckung verführte allerdings, wie oben erwähnt, manche Biochemiker, die heuristischen Möglichkeiten ihres Fachbereiches zu überschätzen.

[10]   J. D. Watson: Molecular Biology of the Gene, 3rd ed., 1976, S. 54.

[11]   J. C. Kendrew: Molecular Biology Started. Scientific American, Vol. 216, No. 3 (1967) S. 141 - 144. F. H. C. Crick: Molecules and Man. Seattle 1968. — Dt. Ausg.: Von Molekülen und Menschen. München 1970. G. S. Stent: That Was the Molecular Biology, That Was. Science, Vol. 160, April 1968, S. 390 - 395.

biologischer Forschung sei und überdies, wenigstens potentiell, auch den Schlüssel zu allen, bisher ungelösten, biologischen Problemen besitze. Diese überspitzten Ansprüche blieben nicht unwidersprochen. Scharfe Kritik kam nicht nur von seiten jener Wissenschaftler, die als Vertreter der organismischen und ganzheitlichen Auffassung schon früher auf die begrenzten Möglichkeiten der analytischen Methode in der Biologie hingewiesen hatten, sondern auch von der Seite einiger prominenter Biologen, die bisher den Schwerpunkt ihrer methodologischen Kritik eher gegen vitalistische Tendenzen gerichtet hatten, aber deren Forschungsgebiete sich nicht auf Moleküle, sondern auf Lebewesen (lebende Zellen, Einzeller, Insekten o. Säugetiere) erstreckten.

Durch das Eingreifen neuer Beteiligter in die Diskussion um die Reduzierbarkeitsfrage gestaltete sich diese lebhafter als jemals zuvor. Zum Zeitpunkt, da die Polemik um die Rolle der Molekularbiologie und der analytischen Methode innerhalb der Biowissenschaften in diesem Stadium angelangt war, diskutierten die Wissenschaftstheoretiker recht intensiv Begriffe wie den der „wissenschaftlichen Erklärung" als solcher und der „Erklärung einer Theorie" durch die Reduktion zu einer anderen. Nach einer mehr als zwanzigjährigen Selbstbeschränkung auf die methodologische Problematik der „exakten Wissenschaften", d. h. der Mathematik und der Physik, erwachte neuerdings ihre Bereitschaft, auch andere Wissenschaften als Inhalte der wissenschaftstheoretischen Forschung zu entdecken. So schlossen auch sie sich der Debatte über das Reduktionsproblem in der Biologie an. Die Auseinandersetzung um das Verhältnis zwischen dem Lebendigen und Nicht-Lebendigen, zwischen der Biologie auf der einen und Physik und Chemie auf der anderen Seite, trat in eine neue, höchst aktive, Phase ein, die aber sicherlich nur einen vorläufigen Höhepunkt darstellt.

2. Spektrum der Auffassungen der Frage des Reduktionismus in der heutigen Biologie

2.1 Dimensionen der Problematik

Der Versuch einer Systematik der sich in der heutigen Biologie abzeichnenden Stellungnahmen zum Reduktionismus stößt auf bestimmte Schwierigkeiten. Die Etikettierung einer Haltung als „reduktionistisch" oder „antireduktionistisch" weist nämlich in den wenigsten Fällen auf ihren Inhalt hin. Die Einordnung als reduktionistisch oder antireduktionistisch erweist sich nicht nur als ungenügend, um verschiedene Lösungen des Problems zu identifizieren, sie ist sogar nicht hinreichend, um *verschiedene Probleme,* auf welche diese Lösungen eine Antwort bieten, voneinander abzugrenzen. Wie dies F. J. *Ayala*[12] zu Recht betonte, sollten in der Diskussion über den Reduktionismus drei verschiedene Bereiche der Problematik isoliert werden.

Erstens entsteht hier eine *ontologische,* oder, anders ausgedrückt, eine *metaphysische* Frage, ob allen Phänomenen des Lebens ausschließlich materielle, physiko-chemische Objekte und Prozesse zugrunde liegen, oder auch besondere, nicht-materielle, nicht-räumliche Substanzen, „Prinzipien" oder „Kräfte" im Bereich des Lebendigen tätig sind. In diesem ontologischen Sinne wären *alle* jene Reduktionisten, die die Annahmen des „klassischen" metaphysischen Vitalismus ablehnen. Zu dieser Strömung des Reduktionismus, den Th. *Dobzhansky* als den „vernünftigen Reduktionismus" bezeichnete, bekennen sich heute fast alle Biologen — wenn auch nicht unbedingt alle Philosophen: „Most biologists... are reductionists to the extent that we see life as a highly complex, highly special and highly improbable pattern of physical and chemical processes. To me this is a ‚reasonable' reductionism[13]."

Zweitens handelt es sich hier um einen Bereich jener *methodologischen* Problematik, die mit den Fragen der Forschungsstrategie und der Anwendbarkeit von Gesetzen der Physik und Chemie zur Erklärung von Lebenserscheinungen befaßt ist. F. J. *Ayala*[14] stellt in diesem Zusammenhang die folgenden Fragen (deren Formulierungen vom Verfasser teilweise modifiziert wurden): Soll man bei Erforschungen von Lebensphänomenen eine Erklärung immer durch Untersuchung der zugrunde liegenden Prozesse auf der niedrigeren Stufe der Komplexität und letztlich auf der Stufe der Moleküle und Atome suchen? Oder kann man zum Verständnis eines Phänomens, das sich auf einer bestimmten Ebene der hierarchischen Ordnung des Lebendigen abspielt, nur durch Untersuchung sowohl der niedrigeren als auch der höheren Stufe gelangen?

---

[12] F. J. Ayala: Introduction to: Studies in the Philosophy of Biology. Reduction and Related Problems. (F. J. Ayala and Th. Dobzhansky, Eds.), Berkeley and Los Angeles 1974, S. VII - XVI.

[13] Th. Dobzhansky: Introductory Remarks in: Studies in the Philosophy of Biology. Reduction and Related Problems. (F. J. Ayala and Th. Dobzhansky, Eds.) Berkeley and Los Angeles 1974, S. 1 - 2.

[14] F. J. Ayala: Introduction to: Studies in the Philosophy of Biology. Reduction and Related Problems. (F. J. Ayala and Th. Dobzhansky, Eds.), Berkeley and Los Angeles 1974, S. VIII - IX.

Gibt es allgemeine Antworten auf diese Fragen? Oder gibt es verschiedene Antworten für die jeweils verschiedenen biologischen Disziplinen?

Dieser Fragenkatalog zur methodologischen Problematik des Reduktionismus könnte um jene Fragen erweitert werden, die die Möglichkeit der Erklärung aller Lebenserscheinungen durch bekannte Gesetze der Physik und Chemie betreffen.

Welche Strategie wäre zu verfolgen, würde man z. B., so wie N. *Bohr* und M. *Delbrück* vermuteten[15], auf Widersprüche zwischen dem Verhalten einer lebenden Zelle und den bisher formulierten Gesetzen der Physik stoßen — ähnlich jenen Diskrepanzen zwischen dem Verhalten der Elementarteilchen und den Gesetzen der klassischen Mechanik? Soll man die Beobachtungen und die auf Grund der spezifischen biologischen Forschung formulierten empirischen Regelmäßigkeiten in Zweifel ziehen, oder soll man, wie diese beiden Physiker es vorschlagen, den Widerspruch in der Hoffnung unbeachtet lassen, daß er durch die weitere Entwicklung der Physik schließlich aufgehoben werde? Doch selbst wenn es zu keinen Widersprüchen dieser Art käme, entsteht die Frage, ob die „gewöhnlichen" Gesetze der Physik zur vollständigen Erklärung der Lebensphänomene hinreichen oder aber eine Ergänzung der Physik selbst durch neue, den lebenden Strukturen angepaßte, physikalische Gesetze zu erwarten ist[16]. Und soll endlich das abstrakte Modell der Erklärung, wie es in der Physik auftritt, auch in der Biologie als das einzig wissenschaftliche anerkannt und ausschließlich zugelassen werden, oder hat die Biologie in dieser Hinsicht ihre Autonomie gegenüber der Physik zu bewahren? Diese und ähnliche Fragen, die den methodologischen Bereich der Problematik des Reduktionismus darstellen und deren Hauptanliegen die Suche nach den richtigen Wegen zur Erklärung der Lebenserscheinungen ist, sind für die Biologen innerhalb der gesamten Problematik wohl die interessantesten.

Der Inhalt der Antwort auf diese Fragen wird natürlich von den jeweiligen Vorstellungen über das gegenseitige inhaltliche Verhältnis zwischen der Biologie und der Chemie und Physik als Wissenschaften bedingt. F. J. *Ayala* formuliert dies so: „The extreme reductionist contends that the only biological explanations worth seeking are those obtained by investigating the underlying physicochemical processes. The extreme

---

[15] Vgl. G. S. Stent: That Was the Molecular Biology, That Was. Science, Vol. 160, April 1968, S. 390-395.

[16] Vgl. Anmerkung 9.

reductionist might argue that such explanations do not truly belong to the realm of biology[17]."

Den dritten Diskussionsbereich innerhalb der Problematik des Reduktionismus könnte man als den *meta-theoretischen* bezeichnen (F. J. *Ayala* in op. cit. nennt ihn den „epistemologischen" Bereich, mir scheint aber diese Bezeichnung ungeeignet und irreführend zu sein). Hier geht es hauptsächlich um die Frage, ob die Möglichkeit besteht, eine bestimmte Theorie oder ein empirisches Gesetz oder gar die Gesamtheit der Theorien und Gesetze, die in einer wissenschaftlichen Disziplin formuliert worden sind, als Spezialfälle von Theorien und Gesetzen anderer Disziplinen oder Schlußfolgerungen aus solchen zu betrachten. Findet dies statt, so spricht man von der Reduktion einer Theorie, eines Gesetzes oder einer Disziplin als ganzes zu einer anderen. Die Beantwortung dieser Frage in jedem Einzelfall hängt von dem Ergebnis einer logischen und semantischen Analyse *der Sprache,* in der relevante Theorien und Gesetze formuliert werden, ab. Darum wird hier vor allem über die allgemeinen logischen und semantischen Bedingungen einer solchen Reduktion und über die Frage diskutiert, ob diese Bedingungen im gegebenen Fall wirklich erfüllt sind oder wenigstens erfüllt sein könnten. Dieser Teil der Problematik ist verständlicherweise vor allem für die Logiker und Wissenschaftstheoretiker, weniger für Biologen, von Interesse.

Selbstverständlich ist es auch für die Biologen nicht irrelevant, ob biologische Theorien und Regelmäßigkeiten als Spezialfälle der allgemeineren Naturgesetze dargestellt werden können oder nicht. Die Integrierung einer wissenschaftlichen Theorie in eine andere, umfassendere, bedeutet einen weiteren Schritt zur Umwandlung der Wissenschaft in ein einheitliches, kohärentes deduktives System und erhöht auf solche Weise ihre Erklärungskraft. Nichtsdestoweniger aber ist zum Beispiel die Antwort auf die Frage, ob die Reduktion der Genetik zur Molekularbiologie vom technisch-logischen Standpunkt aus ganz „sauber" durchgeführt worden ist oder nicht, ohne wesentliche Bedeutung für den weiteren Gang der biologischen Forschung, während die Antworten auf die Fragen des zweiten, *methodologischen* Bereiches sehr wohl eine Rolle spielen.

Die oben beschriebenen Bereiche der Problematik des Reduktionismus lassen sich sicherlich nicht gänzlich voneinander trennen, doch besitzen sie

---

[17] F. J. Ayala: Introduction to: Studies in the Philosophy of Biology. Reduction and Related Problems. (F. J. Ayala and Th. Dobzhansky, Eds.), Berkeley and Los Angeles 1974. S. IX.

einen bestimmten Grad der Unabhängigkeit. So kann zum Beispiel die Haltung eines Autors zu dieser Problematik in einer Hinsicht reduktionistisch, doch in anderer gleichzeitig antireduktionistisch sein.

2.2 Hauptrichtungen und Stellungnahmen

2.2.1 Moderner metaphysischer Vitalismus und Psychovitalismus

Ohne Anspruch auf Vollständigkeit könnte man die Liste zeitgenössischer Physiker, Biologen und Philosophen, die ein spezielles vitales oder psyche-ähnliches Agens der Lebewesen annehmen, ergänzen. Man könnte hier Namen nennen wie P. *Vignon*, J. S. *Haldane*, A. *Carrel*, E. P. *Wigner*, W. H. *Thorpe*, L. C. *Birch* u. a.[18].

Alle diese Autoren berufen sich auf die Zweckmäßigkeit, Zielstrebigkeit und den ganzheitlichen Charakter der Lebenserscheinungen, um ihre Vorstellungen über die Natur des Lebendigen zu unterstützen. Sie alle behaupten, daß diesen Eigenschaften ein besonderer vitaler oder psyche-ähnlicher Faktor zugrunde liegen muß. Einige betrachten diesen Faktor in dualistischer Weise als Wesen, das sich von der Materie des lebendigen Körpers unterscheidet; für andere, die dem Panpsychismus oder gar einem monistischen Spiritualismus folgen, ist dieser Faktor einer der beiden Aspekte derselben Realität. Einige davon nehmen die Existenz eines einzigen psychischen „Etwas" für die gesamte Natur an, andere wieder behaupten ein „Psychoid" für jeden Organismus oder gar für jede Einzelzelle. Jedenfalls lehnen die Vertreter dieser philosophischen Richtung der heutigen Biologie jede Form und jeden Aspekt der reduktionistischen Programme ab.

2.2.2 Kryptovitalismus

In diese Kategorie fallen jene Stellungnahmen, deren Vertreter zwar die Hauptthesen des metaphysischen Vitalismus nicht akzeptieren, manch-

---

[18] P. Vignon: Introduction à la Biologie expérimentale. Paris 1930. J. S. Haldane: The Philosophical Basis of Biology. London 1931, The Philosophy of a Biologist. Oxford 1935. A. Carrel: Man the Unknown. New York 1935. E. P. Wigner: The Probability of the Existence of a Self-reproducing Unit. In: The Logic of Personal Knowledge. Essays Presented to M. Polanyi on His 70th Birthday. Glencoe, Ill. 1961, S. 231 - 238. E. P. Wigner: Physics and the Explanation of Life. In: Boston Studies in the Philos. of Science. Vol. XI. (R. J. Seeger and R. S. Cohen, Eds.), Dordrecht, Boston 1974, S. 119 - 132. W. H. Thorpe: Reductionism in Biology. In: Studies in the Philosophy of Biology. (F. J. Ayala and Th. Dobzhansky, Eds.), Berkeley, Los Angeles 1974, S. 109 - 139. Ch. Birch: Purpose in the Universe: a search for wholeness. Zygon 6, 1971, S. 4 - 27.

mal sogar explicite kritisieren und ihre eigene Angehörigkeit zum Vitalismus verneinen, die aber die Haupteigenschaften des Lebens als etwas Primäres Gegebenes, Unanalisierbares und letztlich Unerklärliches betrachten. Oft bezeichnen sie sich als Vertreter des Holismus oder des Organizismus. (Hier zeigt sich recht deutlich die Mehrdeutigkeit des letztgenannten Ausdrucks, der ja auch eine weitere Stellungnahme bezeichnen kann, auf die im Punkt 2.2.3 eingegangen werden soll.) Die Quellen des Kryptovitalismus findet man wohl in der Idee der „emergenten" Eigenschaften von Lloyd *Morgan*[19], in der Holismuslehre von J. C. *Smuts*[20] und der organismisch-kosmologischen Metaphysik von A. N. *Whitehead*[21]. Lloyd *Morgan* sieht die Realität als Kombination von Einheiten verschiedener Organisationsstufen. Jede Stufe (Atom, Molekül, kolloide Einheit, Zelle, Gewebe, Organ, vielzelliger Organismus, Organismengemeinschaft) besitzt nach ihm neue, „emergente" Eigenschaften, die über jene der untergeordneten Stufe hinausgehen, aber nicht aus jenen resultieren und auch nicht aufgrund der Kenntnis der Einheiten niedrigerer Stufen vorhersehbar sind. J. C. *Smuts'* „Holismus" ähnelt in vielen Hinsichten dem *Morgan*schen Emergentismus. Nach ihm entwickelt sich die Realität stufenweise zu Ganzheiten („wholes"), die immer mehr individualisiert und organisiert sind. Jede Ganzheit, sei es ein Molekül, ein Kristall oder ein lebendiges Wesen, ist unteilbar, da die Teile und das Ganze nur in gegenseitiger Abhängigkeit und Einheit existieren. In seiner „Philosophie des Organismus" betrachtet A. N. *Whitehead* das gesamte Universum als eine hierarchische Ordnung von „Organismen", seien es Atome, Moleküle oder Zellen. Die Teile eines jeden Organismus bestehen in gegenseitiger Abhängigkeit und Untrennbarkeit, sind aber auch abhängig und untrennbar vom Ganzen. Die Physik untersucht einfachere „Organismen", die Biologie komplexere. Ein lebendiger Körper ist als „Organismus der Organismen" („organism of organism") zu verstehen.

Gemeinsam ist den hier beschriebenen philosophischen Lehren die Vorstellung von unteilbaren Ganzheiten und einem unreduzierbaren qualitativen Unterschied zwischen Ganzheiten und ihren Teilen, beziehungsweise zwischen den Ganzheiten verschiedener Organisationsstufen. Obwohl sich die Betrachtungen *Morgans*, *Smuts'* und *Whiteheads* auf die

Ch. Birch: Chance, Necessity and Purpose. In: Studies in the Philosophy of Biology. (F. J. Ayala and Th. Dobzhansky, Eds.), Berkeley and Los Angeles 1974.

[19] C. L. Morgan: Emergent Evolution. London 1923.

[20] J. C. Smuts: Holism and Evolution. London 1926.

[21] A. N. Whitehead: Science and the Modern World, 1926. Process and Reality, an Essay on Cosmology, 1929.

gesamte Realität beziehen, betonen die an sie anknüpfenden Biologen, die man als Vertreter des Kryptovitalismus bezeichnen kann, verständlicherweise den ganzheitlichen, unreduzierbaren Charakter des Lebens, das nach ihnen einzigartig ist und bestimmte *primäre Qualitäten* besitzt, *die nicht als Resultate der gegenseitigen Wirkung von Teilstrukturen und Teilprozesse des lebenden Körpers verstanden werden können.*

Jedenfalls ist hier anzumerken, daß, obwohl sich die meisten der Kryptovitalisten vom (metaphysischen) Vitalismus zu distanzieren versuchen und sich selbst keineswegs als Vitalisten sehen wollen, eine Grenzziehung zwischen den beiden Richtungen schwer möglich ist und in manchen Fällen die Unterschiede rein verbaler Natur zu sein scheinen. Denn eigentlich ist es doch gleichgültig, ob man diesen unanalysierbaren Faktor, der das Wesen des Lebens ausmacht, als „Ganzheit" nach B. *Dürken,* als „zielstrebige Aktivitätsfähigkeit" nach E. S. *Russel,* als „Lebenstrieb" nach P. T. *Mora,* als „höheres biologisches integrierendes Prinzip" nach M. *Polanyi* oder als „Entelechie" nach H. *Driesch* bezeichnet. So scheint die kryptovitalistische Auffassung, dem metaphysischen Vitalismus ähnlich, in allen drei Bereichen der Problematik des Reduktionismus eine antireduktionistische Antwort zu bieten.

2.2.3 Organische Auffassung oder Organizismus im engeren Sinne

Die vorhin dargestellte Vorstellung von einer „organischen Ganzheit", deren Eigenschaften weder auf die Eigenschaften ihrer Einzelteile zurückgeführt werden können, noch ein Resultat der wechselseitigen Wirkung dieser Teile sind, wird, wie schon gesagt, durch ihre Proponenten als Organizismus bezeichnet. Dieselbe Bezeichnung wird allerdings für eine andere Vorstellung verwendet, nach der eine Zelle, ein Organismus oder überhaupt jedes komplexere System notwendigerweise „emergente" Eigenschaften besitzt, die seine isolierten Teile nicht aufweisen, die aber als Endeffekt der gegenseitigen Wirkung der Elemente des Systems, als Resultat der Systemorganisation, zu betrachten sind. Um eine zu Mißverständnissen führende Doppelsinnigkeit der Nomenklatur zu vermeiden, wird hier der Vorschlag präsentiert, die Ausdrücke „Organizismus" und „organismische Auffasung" zur Bezeichnung der zuletzt beschriebenen Richtung zu verwenden, für die erste aber eher den Ausdruck „Kryptovitalismus" zu gebrauchen[22].

---

[22] An Ausdrücken wie „Mechanismus" und „Organizismus" kann man ersehen, wie Unklarheiten und Vieldeutigkeiten die Diskussion über das Reduzier-

Repräsentanten eines so definierten Organizismus waren und sind
unter jenen Wissenschaftlern, die an den theoretischen Problemen der
Biologie interessiert sind, relativ zahlreich vertreten[23]. Trotz wesentlicher

barkeitsproblem verwirren. E. Nagel (Structure of Science, New York 1961,
S. 430 ff.), hier E. B. Wilson (The Cell, New York 1925, S. 1037) folgend, versteht die „mechanistische Vorstellung" als eine Auffassung, die die Organisation
der Zelle auf die physiko-chemischen Eigenschaften der komponenten Substanzen
und *auf die spezifischen Konfigurationen dieser Komponenten zurückführt*.
Wenn man aber die „Konfiguration der Komponenten" nicht statisch als bloße
Mikromorphologie der Zelle, sondern als Struktur von Relationen und Wirkungen versteht, deckt sich diese „mechanistische Vorstellung" mit der organismischen
Auffassung von z. B. J. H. Woodger und L. von Bertalanffy. Nur wenn man den
„Mechanismus" als bloßen „Anti-Vitalismus" verstünde, könnte man Organizismus im engeren Sinne als Mechanismus bezeichnen. Dann aber darf man nicht,
wie es E. Nagel tut, die Auffassung eines Kryptovitalisten (meine Terminologie)
wie E. S. Russel mit der von L. von Bertalanffy als „Organizismus" identifizieren
und beide Stellungnahmen der eines J. H. Woodger gegenüberstellen. Nach Nagel sollte Woodger „a careful and sober analysis of the nature of hierarchical
organisation in biology and of its import for the possibility of mechanistic explanation" gegeben haben (vgl. E. Nagel, op. cit., S. 433). So ernennt er Woodger
fast zu einem Mechanisten, während er die Auffassungen aller „Organizisten",
also sowohl der Kryptovitalisten (wie E. S. Russel) als auch der Organizisten im
engeren Sinn (wie L. von Bertalanffy), in einen Sack wirft.

[23] Nur beispielsweise könnte man hier Autoren nennen wie: P. A. Weiss: The
Living System: Determinism Stratified. In: The Alpbach Symposium 1968.
Beyond Reductionism. New Perspectives in the Life Sciences. (A. Koestler and
J. R. Smythies, Eds.), Boston 1969, S. 3 - 55. L. v. Bertalanffy: Theoretische Bio-
logie, 1. Band. Berlin 1932. Das biologische Weltbild. 1. Band: Die Stellung des
Lebens in Natur und Wissenschaft, Bern 1949. K. Sapper: Naturphilosophie.
Philosophie des Organischen, 1928. Biologie und organische Chemie. Schaxels
Abh. z. theor. Biol. *28*, 1930. J. H. Woodger: Biological Principles. London
1929. The Concept of Organism and the Relation Between Embryology and
Genetics. Quarterly Rev. of Biol. Vol. 5 (1930) und 6 (1931). The Axiomatic
Method in Biology. Cambridge 1937. A. I. Oparin: Life: Its Nature, Origin and
Development (A. Synge, transl.) New York 1961. Th. Dobzhansky: Biology,
Molecular and Organismic. Am. Zoologist, Vol. 4, No. 4, Nov. 1964, S. 443 - 452.
Are Naturalists Old-Fashioned? The Am. Naturalist, Vol. 100, No. 915, Sept./
Oct. 1966. On Cartesian and Darwinian Aspects of Biology. The Graduate
Journ. Vol. VIII, No. 1 (1968), S. 99 - 117. Introductory Remarks in: Studies
in the Philosophy of Biology. Reduction and Related Problems. (F. J. Ayala and
Th. Dobzhansky, Eds.), Berkeley and Los Angeles 1974, S. 1 - 2. F. J. Ayala:
Biology as Autonomous Science. Am. Scientist. Vol. 56, No. 3, Autumn 1968,
S. 207 - 221. Teleological Explanations in Evolutionary Biology. Philos. of
Science. Vol. 37, No. 1. March 1970, S. 1 - 16. The Concept of Biological Pro-
gress. In: Studies in the Philosophy of Biology. Ayala, Dobzhansky, eds., a.a.O.,
S. 339 - 357. R. L. Causey: Polanyi on Structure and Reduction. Synthese, Vol. 20

Unterschiede hinsichtlich der Verteilung von Akzenten auf verschiedene Problemkreise und unterschiedliche Argumentationen könnte man die Hauptthesen dieses Organizismus folgendermaßen darstellen:

1. Jede „Ganzheit", d.h. jedes komplex organisierte System, zeigt „emergente" Eigenschaften, die die Teile nicht aufweisen.

2. Diese Eigenschaften resultieren aus der „Struktur" des Systems, die hier nicht oder nicht nur als Struktur im morphologischen Sinn gesehen werden darf, sondern als ein Netz der Relationen und der wechselseitigen Wirkungen der Teile zu verstehen ist.

3. Der Bereich des Lebendigen stellt eine hierarchische Ordnung von komplexen Systemen auf verschiedenen Stufen der Kompliziertheit dar. Die Eigenschaften der Einheiten jeder Stufe sind auf die besondere Systemorganisation und die Eigenschaften der Komponenten zurückzuführen. Für die Besonderheiten eines Einzelorganismus wäre also sowohl seine morphologische Struktur wie auch, und dies *vor allem, die spezielle zeit-räumliche Ordnung der Teilvorgänge* verantwortlich.

4. Die ontologische Frage wird, wie man sieht, durch den Organizismus auf reduktionistische Weise beantwortet.

(1969), S. 230 - 237. R. Ackermann: Mechanism, Methodology and Biological Theory. Synthese, Vol. 20 (1969), S. 219 - 230. H. H. Pattee: The Problem of Biological Hierarchy. In: Towards a Theoretical Biology. (C. H. Waddington, ed.), Edinburgh 1970, Vol. 3. Physical Theories of Biological Coordination. In: Topics in the Philosophy of Biology. (M. Grene and E. Mendelsohn, Eds.), Boston Studies in the Philos. of Science, Vol. XXVII, Dordrecht, Boston 1976, S. 153 to 173. P. W. Anderson: More is Different. Broken Symmetry and the Nature of Hierarchical Structure of Science. Science, Vol. 177, 4, August 1972, S. 393 to 396. P. Medawar: A Geometrical Model of Reduction and Emergence. In: Studies in the Philosophy of Biology, Reduction and Related Problems. (F. J. Ayala and Th. Dobzhansky, Eds.), Berkeley and Los Angeles 1974, S. 57 - 65. u. a.: Hierher gehören auch so prominente Physiker wie N. Bohr: Licht und Leben. Vortr. bei d. Eröffnungssitzung d. II. Intern. Kongr. f. Lichttherapie, Kopenhagen 1932, Repr. in: Atomphysik und menschliche Erkenntnis, Braunschweig 1958, S. 3 - 13 und: Die Physik und das Problem des Lebens. 1957 vorgenommene Ausarbeitung einer Vorlesung in d. Dän. Med. Gesellsch. Kopenhagen 1949. Repro. in: Atomphysik und menschliche Erkenntnis. Braunschweig 1958. S. 96 bis 104. M. Delbrück: A Physicist Looks at Biology. In: Transactions of the Connecticut Academy of Arts and Sciences. Sesquicentennial Celebration. Proc. Part II, Vol. 38, Dec. 1949, New Haven, S. 173 - 190. M. Delbrück: A Physicist's Renewed Look at Biology: Twenty Years Later. Science, June 1970, Vol. 168, S. 1312 - 1315. E. Schrödinger: Was ist Leben? Die lebende Zelle mit Augen des Physikers betrachtet. 2. Aufl. München 1951.

5. Da eine Erklärung der Besonderheiten von organischen Ganzheiten nur auf Grund der Eigenschaften und des Verhaltens ihrer *isolierten* Komponenten nicht möglich ist, sondern auch die Kenntnis der „Struktur" und ihrer Gesetzmäßigkeiten voraussetzt, ist die analytische Untersuchungsmethode allein nicht ausreichend. Die Forschung „von unten", von der Atom- und Molekularebene her, muß durch die Forschung „von oben", von der Zell-, Organismus- und Populationsebene her, ergänzt werden. Beide Forschungsmethoden, die „analytische" und „die Systembetrachtung", wie sie L. *von Bertalanffy* nennt, oder „the molecular approach" und „the compositionist approach" nach Th. *Dobzhansky,* sind für die Erweiterung der biologischen Kenntnisse unentbehrlich.

6. Daraus geht hervor, daß bezüglich der methodologischen Fragen der Organizismus hauptsächlich eine *antireduktionistische* Stellung einnimmt.

7. Zu logisch-wissenschaftstheoretischen Fragen nehmen die Biologen nur selten Stellung. Deswegen kann man die Ansicht der Vertreter der organismischen Auffassung über den metatheoretischen Aspekt der Reduktionsproblematik in den meisten Fällen nur indirekt feststellen.

Während die Wissenschaftstheoretiker die Möglichkeit der Erfüllung logischer und semantischer Bedingungen der Ableitbarkeit von Theorien und Gesetzen der Biologie aus denjenigen der Physik diskutieren, äußern sich die Naturwissenschaftler eher zur Frage der Autonomie der Biologie als Wissenschaft. Ihre Fragestellung geht dahin, ob die Biologie mit der Erweiterung der Kenntnisse über die Lebensphänomene zu einem Teil der Physiko-Chemie reduziert werden oder ob sie als autonome Wissenschaft bestehen bleiben wird. Bei Durchsicht der zahlreichen Publikationen der Organizisten kann man feststellen, daß alle Vertreter der organismischen Auffassung, trotz mancher Einschränkungen, eine *antireduktionistische* Haltung einnehmen und eine vollständige Auflösung der Autonomie der Biowissenschaften als unmöglich ansehen.

Viele der „Organizisten" verteidigen die Autonomie der Biowissenschaften gegenüber der Physik und Chemie in solcher Weise, daß sie immer wieder auf der besonderen Art von Fragen und Erklärungsweisen bestehen, die zwar in den Biowissenschaften, nicht aber in der Physik oder der Chemie auftreten. Denn ein Biologe, um die vollständige Erklärung eines Vorgangs in den Biowissenschaften bemüht, muß nicht nur fragen, „wie" (auf welche Weise) und „warum" (wieso), sondern auch

„wozu" (wofür) dieser Vorgang stattfindet. Wird z. B. ein neues chemisches Molekül in einer lebenden Zelle entdeckt, so fragt der Biologe (und wahrscheinlich auch der Biochemiker, sofern er ein *Bio*chemiker ist) nicht nur, was für eine Struktur das Molekül hat und *wieso* es zur Entstehung dieser chemischen Verbindung gekommen ist, sondern auch, *wozu* (wofür) sie da ist, welche Aufgabe (Funktion) sie jetzt und hier zu erfüllen hat. Die Frage nach dem Wozu, die aus der neuzeitlichen, post-aristotelischen Physik vollständig eliminiert worden ist, verlangt nach einer Form der Antwort, welche man als „teleologische", „teleonomische"[24] oder „funktionale" Erklärungsweise bezeichnet. Solange aber solche teleologische Erklärungen, sei es infolge einer Entscheidung der Biologen, daß sie überflüssig geworden seien, oder durch den Beweis der Logiker und Wissenschaftstheoretiker, daß sie ohne inhaltlichen Verlust in nicht-teleologische Aussagen übersetzbar seien, nicht auch aus der Biologie eliminiert werden können, ist die vollständige Reduktion im Sinne der Ableitbarkeit der Gesamtheit biologischer Theorien und Gesetzmäßigkeiten aus denjenigen der Physik und Chemie unmöglich. Da aber Biologen, die die teleologischen Erklärungsweisen als Besonderheit der Biowissenschaften unterstreichen, an keiner Alternative einer solchen „Säuberung" Interesse zeigen, liegt die Behauptung nahe, daß sie die Reduktion im Sinne der Ableitbarkeit der Biologie aus Physik als unrealistisch und unzweckmäßig erachten.

Manche Autoren weisen auch noch auf andere methodologische Eigentümlichkeiten aller oder einzelner Biowissenschaften hin. So wird z. B. die Unentbehrlichkeit *historischer Erklärungen* betont. Tatsächlich finden sich solche Erklärungsweisen wohl in der Kosmologie, in der Kosmogonie und der Geologie, nicht aber in der Physik oder der Chemie. Ähnlich wird manchmal die heuristische Rolle solcher Begriffe wie *„adaptives Merkmal"*, *„vorteilhafte Eigenschaft"*, *„fortschrittliche Evolutionsrichtung"* usf. aufgezeigt[25]. Da dies alles aber Begriffe mit bewertendem Inhalt

---

[24] Die Ausdrücke „Teleonomie" und „teleonomisch" wurden im Jahre 1958 vom amerikanischen Biologen *C. S. Pittendrigh* kreiert und zum ersten Mal im Artikel „Adaption, Natural Selection and Behavior" verwendet. In einem Brief vom 26. 2. 1970 an E. Mayr stellte Pittendrigh die Umstände und die Geschichte der Entstehung dieser heute so oft in der theoretischen biologischen Literatur verwendeten Ausdrücke dar. Pittendrighs Brief wurde zusammen mit einem Artikel von E. Mayr publiziert. (E. Mayr: Teleological and Teleonomic, a New Analysis. In: Boston Studies in the Philos. of Science, Vol. XIV [1974], S. 91 - 117.)

[25] Vgl. R. Munson: Biological Adaption. Phil. Sci., Vol. 38, No. 2 (1971), S. 200 - 216 und F. Ayala: The Concept of Biological Progress, a.a.O.

sind[26], wie sie in der Physik und Chemie nicht vorkommen, kann man die Betonung ihrer Notwendigkeit wieder als indirekten Hinweis auf die Autonomie der Biowissenschaften gegenüber der Physik verstehen.

Letztlich wird auch der grundsätzliche Unterschied zwischen den Aufgaben der Physik und denjenigen mancher biologischer Disziplinen hervorgehoben. So schreibt z. B. L. *von Bertalanffy*: „Es ist zunächst klar, daß die Biologie als *beschreibende* Wissenschaft gegenüber der Physik eigenständig ist und, nach der Eigenart ihres Objekts, auch immer bleiben wird. Systematik, Anatomie, Morphologie, Entwicklungsgeschichte, Biogeographie, Paläontologie, physiologische Anatomie, Ökologie, Phylogenie werden auch in ferner Zukunft nicht zu Teilgebieten der Physik werden[27].“

Obwohl sich die organismischen Argumente für die Autonomie der Biologie zuweilen auf die soeben erwähnten Besonderheiten der Biologie als Wissenschaft stützen, konzentrieren sich die meisten Autoren in ihrer Beweisführung gegen die Reduzierbarkeitsthese auf die Hervorhebung der spezifischen Eigenschaften des Lebendigen gegenüber den Objekten der unbelebten Natur. Eine kritische Analyse dieser, wie auch der bereits dargestellten Argumente soll im folgenden versucht werden.

2.2.4 Moderner Mechanismus als totaler Reduktionismus

Obwohl man kaum einen so extremen Standpunkt wie denjenigen J. *Watsons* (s. 1.3.3) in der Literatur finden kann, stellt der heutige Mechanismus doch, abgesehen von individuellen Unterschieden, eine von den bisher beschriebenen Richtungen klar abzugrenzende Auffassung dar. Seine Hauptthesen könnten wie folgt beschrieben werden:

In allen drei Bereichen der Problematik des Reduktionismus, in welchen der Vitalismus eine anti-reduktionistische Haltung einnimmt, bietet der heutige Mechanismus als Gegenpol — sofern man meiner einschränkenden Verwendung dieser Bezeichnung folgt — eine reduktionistische Lösung.

Erstens wird festgehalten, daß *ontologisch* betrachtet, alle lebendigen Wesen ausschließlich aus physikalisch-chemischen Komponenten ge-

---

[26] Vgl. F. Ayala: The Concept of Biological Progress, a.a.O. und Z. Kochanski: Zur Frage der Stellung der Biologie unter den Naturwissenschaften: Bewertende Begriffe und Urteile in der Biologie. Vortrag an der J.-Liebig-Univ. Gießen, April 1975; erscheint in Conceptus, Jg. X (1979) 31 (im Druck).

[27] L. von Bertalanffy: Das biologische Weltbild. 1. Bd.: Die Stellung des Lebens in Natur und Wissenschaft. Bern 1949, S. 143.

baut sind und die Annahme der Existenz besonderer vitaler, nicht-physikalischer Kräfte und Substanzen nicht nur überflüssig, sondern für den Fortgang der Forschung hemmend sei.

Zweitens wird behauptet, daß die analytische Erforschung dieser Komponenten die einzig fruchtbare und legitime wissenschaftliche Methode der Untersuchung darstelle. Die Zerlegung eines komplexen Systems in seine Teile, die Untersuchung dieser Teile nach ihren Eigenschaften und den Gesetzmäßigkeiten, die das Verhalten der Teile beherrschen, letztlich der theoretische Wiederaufbau des Systems, der zur Erklärung des Verhaltens des Systems auf Grund des Verhaltens seiner Komponenten führen soll — also die übliche (wenn auch nicht einzige) Forschungsmethode der Physik und der Chemie — soll auch für den Biologen das vor allem anzuwendende, wenn nicht ausschließlich zugelassene Muster darstellen. Dieser *methodologische Reduktionismus* wird zuweilen etwas durch den Zusatz abgeschwächt, daß es zumindest vorläufig opportun sei, das System als Ganzes zu untersuchen, um sein Verhalten, das zum Verhalten der Komponenten reduziert werden soll, überhaupt kennenlernen zu können.

So schreibt z. B. F. *Crick*: „(Es) soll nicht heißen, daß Biologie *nur* unter atomistischen Gesichtspunkten betrieben werden muß ... Die Auswahl der Ansatzpunkte ist immer eine Frage der Taktik; z. B. müssen bei tierischen Verhaltensweisen zunächst die allgemeinen Verhaltensmodelle herausgearbeitet werden, bevor man sich zu sehr mit der molekularen Grundlage auseinandersetzt. Die Taktik bestimmt also, ob man einen Organismus ‚als ein Ganzes' studiert, oder ob man ihn in seine Teile zerlegt und diese untersucht ... Die Untersuchung der Zelle als Lebenseinheit ermöglicht es uns, ihre Tätigkeit auf breiter Basis zu erkennen. Das System ist aber gewöhnlich zu kompliziert, um bei dieser Methode exakte Einzelheiten des Mechanismus innerhalb der Zelle beobachten zu können. Zerlegt man dagegen die Zelle und untersucht man dann die Einzelteile, dann läßt sich ihr exaktes Verhalten ermitteln; jedoch besteht die Gefahr, daß der Zerlegungsvorgang zu künstlichen Produkten führt. Um das zu vermeiden, muß man zum Studium der vollständigen Zelle zurückkehren. Um es kurz und bündig auszudrücken: Es dürfte schwierig sein herauszubekommen, wie eine Uhr funktioniert, wenn man nur von außen zuschaut, wie sie läuft, oder indem man lediglich die Einzelteile betrachtet, in die sie sich zerlegen läßt. Zum Ziele käme man viel eher durch eine Kombination dieser beiden Methoden.

Das Argument, daß beides, das Ganze und seine Teile, untersucht werden muß — wobei es eine Sache der Taktik ist, auf was im Einzelfall das Schwergewicht gelegt wird —, dieses Argument läßt sich auf alle Gebiete der Biologie anwenden. ... Auf diese Weise kann man schließlich hoffen, die Gesamtheit der Biologie in der Sprache der nächstunteren Stufe ‚erklärt‘ zu haben und so fort bis hinab zur Stufe der Atome[28].“

Bei einer so modifizierten, „abgeschwächt“ reduktionistischen Forschungstaktik scheint aber prima facie ihre Abgrenzung gegenüber der vom Organizismus postulierten Forschungsmethodologie zu verschwimmen, denn wenn beide sowohl die Untersuchung „von unten“, d. i. von der Ebene der Komponenten her, wie auch „von oben“, von der Systemebene her, postulieren, verwischt sich in dieser Hinsicht der Unterschied zwischen Organizismus und Mechanismus. Noch deutlicher scheint sich ein Verschwimmen der methodologischen Unterschiede zwischen den beiden Richtungen abzuzeichnen, wenn man die sich vor kurzem entwickelnde mechanistische Argumentation verfolgt. Einige Mechanisten differenzieren nun zwischen zwei Arten der Reduktion, einer „einfachen, aggregativen“ Reduktion, die Relationen zwischen den Teilen unbeachtet läßt, und einer „interaktiven“ Reduktion, die das Relationennetz der Komponenten des Systems einbezieht[29]. Die erste Art der Reduktion repräsentiere die Forschungstaktik eines „simplen“ oder „naiven“, die zweite diejenige des richtigen, entwickelten („sophisticated“) Reduktionismus. „Such a ‚sophisticated reductionism‘ accepts organization and systematization as initial conditions in the physico-chemical explanation of biological phenomena, laws and theories[30].“ Trotzdem geht die Annäherung zwischen dem heutigen Mechanismus und dem Organizismus nicht so weit, daß man von einem Zusammenfließen beider Strömungen sprechen könnte[31]. Bei genauerer Analyse der Texte zeigt

---

[28] F. Crick: Von Molekülen und Menschen, a.a.O., S. 22 - 23.

[29] Vgl. K. F. Schaffner: The Watson-Crick Model and Reductionism. Brit. J. Phil. Sci., Vol. 20, 1969, S. 325 - 348, hier S. 345.

[30] K. F. Schaffner: The Unity of Science and the Theory Construction in Molecular Biology. In: Boston Studies, Vol. XI, 1974, S. 479 - 535, hier S. 514.

[31] A. Plamondon: The Contemporary Reconciliation of Mechanism and Organism. Dialectica, Vol. 29, No. 4, S. 213 - 278, behauptet das Gegenteil, wenn sie von einer Versöhnung zwischen dem heutigen Mechanismus und dem Organizismus spricht. Allerdings räumt sie ein, daß man eine solche Versöhnung nur auf Grund einer bestimmten Deutung der Thesen beider Richtungen ersehen kann und diese Deutung die Annahme einer bestimmten Idee über die Natur der Realität voraussetzt, welche dem bisherigen Mechanismus eher fremd war.

sich deutlich, daß sich die Unterschiede zwischen den beiden Richtungen nur etwas verschoben und verfeinert haben. Was an Differenzen in der methodologischen Problematik bestehen bleibt, ist die Antwort auf die Frage, ob die bekannten, „gewöhnlichen" Gesetze und Erklärungsweisen der Physik und Chemie ausreichen, um *erstens*: die Struktur (das innere Netz von Relationen) aller biologischen Systeme zu beschreiben; *zweitens*: die „emergenten" Eigenschaften des Systems und die modifizierten Verhaltensweisen der Komponenten (im Vergleich zu dem Verhalten außerhalb des Systems) zu erklären; und *drittens*: das Entstehen, den Ursprung eines solchen Systems verständlich zu machen.

Im weiteren soll hier versucht werden, eine kritische Analyse dieser Probleme und der Stellungnahmen beider Richtungen vorzunehmen. Wenn auch in der ontologischen Problematik die Stellungnahmen des Mechanismus und des Organizismus vielfach übereinstimmen und in methodologischer Hinsicht die Grenzziehung diffizil geworden ist, so ist doch der Unterschied zwischen den beiden Richtungen bezüglich der metatheoretischen Frage der Zukunft der Biologie als autonomer Wissenschaft klar und unverkennbar. Denn noch immer halten die Mechanisten im Gegensatz zu den Organizisten an ihrer These fest, daß sich die Biologie im Zuge der weiteren Forschung stufenweise einem Zustand nähern wird, in welchem alle Erscheinungen im Bereich des Lebendigen auf Grund der physikalischen und chemischen Gesetze über das Verhalten der Atome und Moleküle erklärt werden können, alle biologischen Theorien aus den physikalischen Theorien ableitbar und alle Biowissenschaften schließlich zu einem Bestandteil der Physik reduzierbar sein werden. Die meisten Vertreter des modernen Mechanismus finden sich unter Biochemikern und Wissenschaftstheoretikern. Zu ihnen gehören u. a. der bereits erwähnte J. C. *Kendrew*, F. *Crick*, J. D. *Watson*, K. F. *Schaffner*, wie auch E. *Nagel*, H. *Hein*, M. *Macklin* und R. *Macklin*[32].

---

[32] J. C. Kendrew, op. cit.; F. Crick, op. cit.; J. D. Watson: Molecular Biology of the Gene. Menlo Park, Cal., Reading, Mass. etc. 3rd ed. 1976; K. F. Schaffner: Antireductionism and Molecular Biology. Science, Vol. 157 (1967), S. 644 - 647; Schaffner: The Watson-Crick Model, op. cit.; Schaffner: The Unity of Science, a.a.O.; Schaffner: Reductionism in Biology: Prospects and Problems. In: Boston Studies in the Phil. of Sci., Vol. XXXII Proc. of the 1974 Biennal Meeting — Phil. of Sci. Assoc., R. S. Cohen, C. A. Hooker et al., eds., Dordrecht, Boston 1976, S. 613 - 632; E. Nagel: Mechanistic Explanation, a.a.O.; Nagel: Structure of Science, New York 1961; Nagel: Issues in the Logic of Reductive Explanations. In: Mind, Science and History. Kiefer and Munitz, eds., Albany 1970, S. 117 - 137; H. Hein: Molecular Biology versus Organiscism, a.a.O.; M. Mack-

3. Wird Biologie als autonome Wissenschaft bestehen bleiben? Kritische Analyse der Argumente und Gegenargumente

3.1 Allgemeine Bemerkungen

Es scheint gegenwärtig eine allseitige Übereinstimmung darüber zu bestehen, daß die Biologie heute notwendigerweise ein autonomes Gebiet der Naturwissenschaften darstellt und daß die umstrittene Frage, ob sie zum Bestandteil der Physik und Chemie reduziert werden kann, erst in näherer oder weiterer Zukunft aktuell werden wird. Einige begründen die derzeitige Unreduzierbarkeit der Biologie mit ihrer Unreife als Wissenschaft (denn es müßten exakte und axiomatisierte Theorien und Gesetze in der Biologie bestehen, um zu exakten und axiomatisierten Theorien und Gesetzen der Physik reduziert werden zu können), andere behaupten, daß unsere heutigen physikalischen Kenntnisse als Basis der Reduktion unzureichend seien, wieder andere bezweifeln oder bestreiten gänzlich die Möglichkeit einer solchen Reduktion.

In diesem Zusammenhang stellt sich vor allem die Frage, was nun Reduktion eigentlich ist, welche Kriterien ausschlaggebend sind, um von Reduktion überhaupt sprechen zu können. Eine solche, heute bereits als klassisch angesehene, Analyse der zugrundeliegenden Bedingungen hat E. *Nagel*[33] vorgenommen. Im Zuge der ausführlichen und noch immer anhaltenden Diskussion des *Nagel*schen Modells der Reduktion wurden zwar viele seiner Details in Frage gestellt, ja es wurde sogar bezweifelt, ob dieses Modell jemals im Laufe der Entwicklungsgeschichte der Wissenschaften realisiert worden sei; trotzdem aber wird *Nagels* Analyse von ihren Verteidigern wie von ihren Gegnern als Muster und wesentlicher Ausgangspunkt der gesamten Diskussion betrachtet[34]. Deswegen scheint

---

lin and R. Macklin: Theoretical Biology: A Statement and Defense. Synthese 20 (1969), S. 261 - 277.

[33] E. Nagel: Mechanistic Explanation, a.a.O.; Nagel: Structure of Science, a.a.O.

[34] Im Zuge der gegenwärtigen Diskussion über ein korrektes Modell der Reduktion und über die Frage, ob in der Geschichte der Wissenschaft eine Theorie zu einer späteren, umfassenderen *reduziert* oder durch eine solche *ersetzt* wird, erschienen auch zahlreiche Artikel, die versuchten, dieses Problem auf Grund der Analyse der logischen und semantischen Beziehungen zwischen der Sprache der klassischen Genetik und derjenigen der Molekularbiologie zu erhellen. Da sich diese Arbeiten aber hauptsächlich mit dem Problem der richtigen Beschreibung einer Reduktion als solcher befassen, nicht aber mit der Frage, ob eine Reduktion der Biologie tatsächlich möglich ist, werden sie hier nicht berücksichtigt.

eine kurze Zusammenfassung der Ergebnisse seiner Untersuchungen auch für unsere Zwecke hier unentbehrlich zu sein. *Nagels* Modell ließe sich nun folgendermaßen darstellen:

Die Wissenschaft W^1 zu einer anderen Wissenschaft W^2 zu reduzieren heißt, alle Theorien und Gesetze von W^1 zu denjenigen von W^2 zu reduzieren. Die Theorie T^1 zur Theorie T^2 zu reduzieren heißt, T^1 von T^2 logisch ableitbar zu machen. Dabei müssen zwei formale Bedingungen erfüllt werden: 1. Jeder in T^1 verwendete Ausdruck muß mittels der Ausdrücke von T^2 definierbar sein, oder es müssen empirische Regeln festgestellt und mittels der Ausdrücke von T^2 formuliert werden, welche hinreichende Bedingungen für eine Verwendung der Ausdrücke von T^1 darstellen. 2. Jeder Satz der T^1 muß, unter Beachtung der in Punkt 1. erwähnten Definitionen oder Regeln, aus einem Satz der zu T^2 gehörigen Aussagen ableitbar sein.

Stellt man nun die uns interessierende Frage, welche Bedeutung diesen Bedingungen für das Problem der Reduzierbarkeit der Biologie zu Physik und Chemie zukommt, so wird offenbar, daß die Erfüllung oder Nichterfüllung dieser Bedingungen nur festgestellt werden kann, sofern man bereits zuvor scharf und eindeutig den vollständigen Satz der Aussagen beider Wissenschaften (der Biologie und der Physik) umrissen hat.

So gesehen erscheint die reduktionistische Kritik begründet, wenn sie darauf hinweist, daß die Antireduktionisten die Möglichkeit einer zukünftigen Reduktion verneinen, weil sie stillschweigend von der Annahme ausgehen, daß der bestehende Satz von Theorien und Gesetzen der Physik bereits vollendet und fixiert sei.

Obwohl oftmals unterstrichen wird, daß sich, was man unter Physik zu verstehen hat, im Laufe der geschichtlichen Entwicklung dieser Wissenschaft ständig ändert, hat keiner der Autoren — Reduktionist oder Antireduktionist — eine Definition seines Verständnisses der Physik versucht oder präzisiert, welche Disziplinen er *heute* der Physik zurechnen würde[35]. Die Frage, ob z.B. die Kybernetik oder die allgemeine Auto-

---

[35] Im Zusammenhang mit der Frage: „Was ist eigentlich Physik?" erzählte L. von Bertalanffy folgende Anekdote: „When 35 years ago, I had to undergo the habilitation colloquium as Dozent at the University of Vienna, the late Professor Schlick, founder of neo-positivism, was on the Committee. He asked me: ‚Herr Kollege, you contended in your books that biology cannot be reduced to physics. How do you define ‚physics‘?‘ My answer, considered rather ‚fresh‘ at that time, was: ‚I am very sorry, Herr Professor, that I cannot readily give such definition, but I would be delighted to hear yours.‘ As Schlick was a grand man,

maten- und Systemtheorie in den Bereich der Physik eingeschlossen werden sollen, bleibt auf diese Weise offen. Schließt man aber diese Disziplinen aus der Physik mit dem Argument aus, daß sie eher der reinen Mathematik angehören, so hat diese Entscheidung selbstverständlich Konsequenzen für die Frage der Reduzierbarkeit der Biologie zur Physik: Ohne z. B. den kybernetischen Begriff der Rückkoppelung, insbesondere der negativen Rückkoppelung, sind zahlreiche Theorien der heutigen Biologie undenkbar. Es ist schwer vorstellbar, wie man einen Ausdruck wie „negative Rückkoppelung" durch Verwendung „rein physikalischer" Termini definieren sollte. Will man nun Kybernetik nicht als der Physik zugehörig betrachten, müßte man auch den Standpunkt verteidigen, daß alle jene biologischen Disziplinen, für die der Begriff der Rückkoppelung unentbehrlich geworden ist, prinzipiell nicht zur Physik reduzierbar seien. Was man unter Physik versteht, muß daher nicht nur im Hinblick auf das bestimmte Entwicklungsstadium zu gegebener Zeit definiert werden, auch ihr „räumlicher" Bereich, ihr Inhalt muß scharf abgegrenzt werden, ehe man zur Diskussion der Reduktionsmöglichkeit ansetzt. Geschieht dies nicht, so gerät die Diskussion, wie dies heute der Fall ist, in heillose Verwirrung, da fast jeder der an ihr beteiligten Autoren stillschweigend eine andere Begriffsbestimmung der Physik anbietet.

Dieselbe differenzierte Betrachtung der Reduzierbarkeitsmöglichkeiten erweist sich auch in den Biowissenschaften als notwendig. Leider diskutiert man häufig über die Reduzierbarkeit „d e r Biologie" zur Physik, ohne zu berücksichtigen, daß die Biologie ein sehr heterogenes Feld der Naturwissenschaften darstellt und sich der Gegenstand, der Wortschatz, die Erklärungsweisen verschiedener biologischer Disziplinen grundlegend voneinander unterscheiden.

Es ist doch offenbar, daß das Verhältnis der biologischen Theorien zur Physik und Chemie differieren muß abhängig davon, ob sich die

---

he let me pass but never answered the question." (L. von Bertalanffy: Chance or Law. In: The Alpbach Symposium 1969. Beyond Reductionism. New Perspectives in the Life Sciences. A. Köstler and J. R. Smythies, eds., Boston 1969, S. 56 to 85, hier S. 44. Was eben die Gründe gewesen sein mögen, die damals Schlick hinderten zu antworten, so muß man einräumen, daß es bestimmt nicht einfach ist, eine Definition der „Physik" zu formulieren, die alle oder wenigstens die Mehrzahl der Interessierten befriedigen könnte. Trotzdem sollte sich jeder, der eine bestimmte Stellung zur Frage der Reduzierbarkeit der Biologie zur Physik einnimmt, verpflichtet fühlen zu erklären, in welchem Sinne das Wort „Physik" im gegebenen Kontext verwendet wird.

Theorie z. B. auf die Lebenserscheinungen innerhalb eines Organismus oder auf das soziale Verhalten von Tieren, auf die ontogenetische Entwicklung oder auf den phylogenetischen Prozeß bezieht.

Diese allgemeinen Bemerkungen sollen uns als Richtlinien für die weitere Diskussion der Reduktionsfrage dienen.

3.2 Die besonderen Eigenschaften des Lebendigen als Argumente des Antireduktionismus

Die Vielzahl und Mannigfaltigkeit der von Vitalisten, Kryptovitalisten und Organizisten zur Stützung der antireduktionistischen These verwendeten Argumente läßt ihre vollständige Darstellung und Diskussion an diesem Platze nicht zu. Deshalb müssen wir uns hier auf die am häufigsten gebrauchten und jene beschränken, die wir im Zusammenhang mit der vorliegenden Arbeit als die wesentlichsten ansehen. Sie könnten in zwei Hauptgruppen unterteilt werden: Einmal jene, die sich auf die besonderen Eigenschaften des Lebendigen berufen, zum anderen diejenigen, die sich auf die Besonderheit der Biologie als Wissenschaft beziehen. Eine besondere Untergruppe verwandter Argumente, die auf die erkenntnistheoretischen Folgen der sog. „biologischen Komplementarität", die Individualität der biologischen Einzelobjekte und die Heterogenität der Klassen hinweisen, liegt im Bereich der Überschneidung beider Hauptgruppen. Um die hier verwendete Ordnung der Problematik nicht weiter zu komplizieren, wird diese Untergruppe innerhalb der ersten Reihe von Argumenten im Punkt 3.2.6 diskutiert werden. Eines soll hier noch angemerkt werden: E. *Nagel* vertritt den Standpunkt, daß die Frage der Reduzierbarkeit ein logisches, nicht ontologisches Problem darstellt und sie eher auf Grund der Untersuchung der logischen Konsequenzen bestimmter explizit formulierter Theorien (d. i. der Systeme von Sätzen) als durch eine Einsicht in die „Eigenschaften" oder das „Wesen" der Dinge[36] beantwortet werden kann. Aus diesem Grunde schließt er auch von vornherein und en bloc alle jene Argumente aus, die sich auf die besonderen Eigenschaften des Lebendigen berufen, und bemüht sich auch nicht, sie im einzelnen zu diskutieren. Obwohl *Nagels* Standpunkt von der logischen Perspektive her völlig berechtigt ist, werden wir seinem Beispiel aus zwei Gründen nicht folgen. Vor allem werden die meisten Biologen seine Argumentation als ein Ausweichen vor der Diskussion des für sie Ausschlaggebenden empfinden. Zum anderen

---

[36] E. Nagel: Structure of Science, a.a.O., S. 364.

stellt die rein logische Perspektive der Betrachtung der Frage der Reduzierbarkeit keineswegs die einzig mögliche dar. Man kann sie natürlich
im *Nagel*schen Sinne als das Verlangen nach der Feststellung verstehen,
ob das gegebene System von Sätzen S^1 aus einem anderen gegebenen System von Sätzen S^2 mit Hilfe gegebener Definitionen oder empirischer
Regeln, die die speziellen Termini von S^1 mit denjenigen von S^2 verbinden, ableitbar ist oder nicht.

Doch ist es genauso legitim, nach den Reduzierbarkeitsmöglichkeiten
zu fragen, wenn man die deskriptiven Termini von S^1 (die sich auf einen
Satz bestimmter Eigenschaften beziehen) mit denjenigen von S^2 (welche
sich auf einen Satz anderer Eigenschaften beziehen) nicht bloß durch Definitionen verbinden kann und wenn *empirische Verbindungsregeln noch
nicht vorhanden sind*. In diesem Falle beinhaltet die Frage nach der Reduzierbarkeit das Verlangen nach der *heuristischen Abschätzung der Aus-
sichten*, die auf Grund der bereits erworbenen Kenntnisse über die „Natur
der Dinge" für die zukünftige Feststellung solcher fehlenden empirischen
Verbindungsregeln bestehen. Bei dieser Interpretation der Reduzierbarkeitsfrage erscheint das Ausgehen von der „ontologischen" und nicht der
sprachlichen Perspektive her — wie eben die Biologen zumeist diese Frage
diskutieren — durchaus sinnvoll.

3.2.1 „Das Ganze ist mehr als die Summe seiner Teile"

Sowohl von Vertretern des Kryptovitalismus wie denjenigen des
Organizismus wird die antireduktionistische Stellungnahme zumeist mit
diesem Satz begründet. Die Quellen der so lapidar verkürzten These
sind, abgesehen von ähnlichen Gedanken in der früheren Geschichte des
philosophischen Denkens, in den bereits erwähnten Lehren des Emergentismus von L. *Morgan*, des Holismus von J. C. *Smuts* und in der
organismischen Kosmologie von A. N. *Whitehead* zu finden (vgl. Punkt
2.2.2.). Sie wird als die methodologische Konsequenz unserer Einsicht in
die Natur der Organismen als ganzheitliche, integrierte und komplexe
Systeme mit hierarchischer Ordnung dargestellt. E. *Nagel* folgend wollen
wir den Inhalt dieser These zunächst in der Formulierung E. S. *Russels*
wiedergeben. *Russel* hält fest, daß die Aktivitäten eines Organismus als
Ganzem, sowohl an sich wie auch hinsichtlich unseres Verstehens, als eine
von den physiko-chemischen Relationen verschiedene Ordnung zu betrachten seien[37]. Deswegen habe die Biologie zwei „Kardinalgesetze der

---

[37] E. S. Russel: The Interpretation of Development and Heredity. Oxford
1930, S. 171 - 172.

Methode" zu berücksichtigen. 1. „The activity of the whole cannot be fully explained in terms of the activities of the parts isolated by analysis" und 2. „No part of any living entity and no single process of any complex organic unity can be fully understood in isolation from the structure and activities of the organism as a whole[38]." Ganz offensichtlich weisen diese beiden methodologischen Regeln auf die Unreduzierbarkeit der Biologie zur Chemie und Physik hin, denn die Moleküle, Atome und Elementarteilchen sind jene Bestandteile des Organismus, die als Gegenstand der chemischen oder physikalischen Analyse isoliert vom Organismus untersucht werden.

Die so begründete antireduktionistische These stellt also eine methodologische Folge der empirisch festgestellten Tatsache dar, daß in einem komplexen, integrierten System emergente Eigenschaften auftreten können, und zwar sowohl solche des Systems als Ganzem gegenüber seinen Teilen, als auch solche der Teile innerhalb des Systems gegenüber ähnlichen Gebilden außerhalb des Systems.

Unternimmt man nun den Versuch, die sich auf den Satz „Das Ganze ist mehr als die Summe seiner Teile" und die Existenz emergenter Eigenschaften berufende Argumentation wohlwollend, d. h. in möglichst klarer Weise zu rekonstruieren, kommt man zur Schlußfolgerung, daß hier von drei verschiedenen Situationen der Unreduzierbarkeit und von drei verschiedenen Unreduzierbarkeitsthesen die Rede ist.

These 1 (T^1) hält fest, daß jene Sätze, die die Existenz emergenter Eigenschaften eines komplexen Systems feststellen, nicht ausschließlich aus den Theorien und Gesetzen, welche das Verhalten und die Eigenschaften der *isolierten* Teile beschreiben, deduziert werden können.

These 2 (T^2) statuiert, daß die Sätze, die das Verhalten der Komponenten eines solchen Systems innerhalb der Systemorganisation beschreiben, auch nicht aus den Sätzen, welche das Verhalten derselben Gebilde außerhalb des Systems beschreiben, ableitbar sind.

Nach These 3 (T^3) gibt es Fälle, in denen Sätze, die ein bestimmtes Verhalten und bestimmte Eigenschaften eines komplexen Systems beschreiben, weder allein aus den Theorien und Gesetzen, die sich auf das Verhalten der isolierten Teile beziehen, noch aus ihnen und der Beschreibung (oder Theorie) der gegenseitigen Wirkung der Teile deduziert werden können.

---

[38] Russel, op. cit., S. 146 - 147.

Diese so isolierten Unreduzierbarkeitsthesen sollten auch unabhängig voneinander, wie es im folgenden versucht wird, diskutiert werden.

Zu T¹: Hier ließen sich zwei Einwände vorbringen. Beide richten sich nicht so sehr gegen die These als solche, als vielmehr gegen die ihr von den Antireduktionisten zugemessene Bedeutung. Vor allem könnte man „viel Lärm um nichts" sagen; denn bei bestimmter Deutung scheint die These als solche trivial zu sein. „If we give the slogans of organismic biology their most direct interpretation, they are nothing more than truisms. Consider, for example, the statement that the whole (if it is an organic unity) is more than the sum of its parts. This looks like a simple warning against the fallacy of composition: We are being warned, for example, that from the premise ‚No part of a bird can fly' we cannot infer ‚No whole bird can fly'. No weighty volume is required to convince us that whole may have numberless properties that its parts lack[39]." Des weiteren drängt sich auch der Hinweis auf, daß sich diese These keineswegs nur auf Biowissenschaften beschränkt, sondern auch bei der Beschreibung physikalischer und chemischer Systeme und ihrer Teile relevant werden kann. Beide Einwände ändern allerdings nichts an der Tatsache, daß diese These, trivial oder nicht, sofern sie wahr ist und auch allgemeinere Gültigkeit erlangt, für die Beschreibung biologischer Systeme gegenüber der Beschreibung ihrer chemischen Komponenten anwendbar ist. Und das ist die Frage, um die es hier geht. Daß sie, im Lichte einiger tatsächlich vertretener Meinungen über das gegenseitige Verhältnis zwischen Biologie und Physiko-Chemie gesehen, durchaus nicht trivial sein muß, verdeutlicht K. F. *Schaffner*, wenn er zwischen „simple" und „sophisticated reduction" unterscheidet und sich von der naiven Reduktion distanziert. *Schaffner*, ein radikaler Reduktionist, schreibt: „... we would not really have the *replacement* of biology by physics and chemistry, *unless* we were also to *assume* a considerable amount of organization or chemical systematization which is not apparently explicable on the basis of physics and chemistry. That is to say, we would have to postulate *in addition to* the usual laws and theories of physics and chemistry, sentences which described the complex physico-chemical organizational patterns discovered in living organisms ... The fact, that such patterns have to be accepted as ‚initial conditions' in physico-chemical explanations in molecular biology indicates that a simple straightforward or ‚naive' reductionism is not warranted[40]."

---

[39] M. Beckner: Organismic Biology, a.a.O., S. 58 - 59.
[40] K. F. Schaffner: The Unity of Science, a.a.O., S. 514.

Obwohl also, so gesehen, These 1 nicht unbedingt als Binsenwahrheit zu gelten hat, muß man doch konzedieren, daß sie infolge der langjährigen Diskussion in wissenschaftlichen Kreisen fast allgemein als Selbstverständlichkeit akzeptiert wird.

Zu T^2: Im Gegensatz zu T^1 ermangelt T^2 jeder Selbstverständlichkeit. Es gehört zur Tradition des mechanistischen Denkens, daß bestimmten Teilchen der Materie bestimmte Eigenschaften und Verhaltensweisen zugeschrieben werden und daß man die Wechselwirkungen und Relationen der Teilchen untereinander als Funktion dieser primär gegebenen Eigenschaften und Verhaltensweisen betrachtet. Es wird höchstens eingeräumt, daß es sog. dispositionelle Eigenschaften gibt, die zwar nur in bestimmten Relationen in Erscheinung treten, aber doch primär und außerhalb der Relation potentiell vorhanden sind. So ist z. B. ein Boot „an sich" wasserdicht oder auch nicht, obwohl sich erst durch eine Überprüfung im Wasser diese dispositionelle Eigenschaft nachweisen ließe. Diese These T^2 impliziert aber, daß es spezifische „relationale Eigenschaften" gibt, die einem alleinstehenden Objekt außerhalb einer Relation nicht zugeschrieben werden können, da sie hier nicht bestehen und erst innerhalb der Relation erzeugt werden. Daß man es im Bereich des Lebendigen mit solchen „relationalen Eigenschaften" der Komponenten eines komplexen Systems zu tun hat, die sekundär als Funktion des Platzes der Komponenten innerhalb des Netzes der Relationen zu betrachten sind, hat J. H. *Woodger* in seiner logistischen Theorie der Organisation[41] dargestellt. Daß es auch „relationale Eigenschaften" der physikalischen Objekte gibt, über die man nur innerhalb einer Relation des Objekts zu einem anderen Objekt sinnvoll Aussagen machen kann, ergibt sich schon aus der speziellen Relativitätstheorie: Die Länge eines Objekts, das sich in bezug auf ein anderes Objekt in Bewegung befindet, gemessen vom anderen Objekt aus und in der Richtung der Bewegung, ist eine Funktion der relativen Geschwindigkeit der Bewegung. Im biologischen Bereich erlangt der Begriff der „relationalen Eigenschaften" insofern größte Bedeutung, als sie offensichtlich ein unterschiedliches Verhalten der Teile innerhalb des lebendigen Systems und der vom zerlegten System isolierten Teile bewirken. Tatsächlich gibt es Daten, die diese Hypothese unterstützen. So wird z. B. in der Literatur über Zellkulturen immer wieder betont, daß sich das Verhalten von Zellen innerhalb der Zellkultur, in vitro, grundlegend von

---

[41] J. H. Woodger: The Concept of Organism, a.a.O.; vgl. auch L. von Bertalanffy: Theoretische Biologie, Bd. 1, a.a.O., S. 264.

dem innerhalb eines intakten Organs oder des Gesamtorganismus, in situ, unterscheidet[42].

Erweist sich aber die These T^2 als richtig, so würde dies bedeuten, daß nicht nur bestimmte Eigenschaften eines organischen Systems als Gesamtheit von der Natur der Komponenten und der „vertikalen" Systemorganisation der untergeordneten Komponenten determiniert werden, sondern daß auch bestimmte Eigenschaften und Verhaltensweisen der Komponenten selbst auf die Natur der Nachbarn und den Platz („locus") der Komponente innerhalb der „horizontalen" Struktur von Relationen auf derselben Organisationsebene zurückzuführen sind. Auch hier gibt es wieder biologische Daten, die diese Konsequenz von T^2 empirisch unterstützen und so T^2 selbst weiter begründen. So betont die moderne Genetik, daß die Wirkung eines Gens von seiner Position innerhalb des Chromosoms abhängig sein kann (sog. „Positionseffekt"), daß aber auch die Wirkung eines gesamten Chromosoms von der Struktur des homologen Chromosoms bestimmt werden kann (sog. „Positionspseudoalleleneffekt"). Es wird die Schlußfolgerung gezogen, daß „... the occurence of position effects, even in the limited number of cases in which they have been studied, shows that the effects on development of at least some genes depend not only on the intrinsic properties of the gene but also upon its relations with adjacent elements — that is, upon a pattern of arrangement"[43].

Akzeptiert man T^2, so würde auch aus ihr folgen, daß die Theorien über das Verhalten isolierter Komponenten weder zur Erklärung der Verhaltensweisen des Systems als Gesamtheit noch zur Erklärung des Verhaltens der Komponenten innerhalb des Systems hinreichen und daß in jedem Einzelfall eine Beschreibung der tatsächlich vorhandenen Organisation und des Systems und eine entsprechende „Systemtheorie" unentbehrlich sind. Als solche wäre eine Theorie zu betrachten, die die emergenten Eigenschaften, welche das System als Ganzes und die Komponenten *in situ* zusätzlich zu jenen der isolierten Komponenten aufweisen, als Resultat der Wechselwirkung der Komponenten im System darstellt.

Hier könnte man einwenden, daß die beiden gegebenen Beispiele und T^2 als solche nicht auf „relationale Eigenschaften" der Komponenten,

---

[42] s. Literaturhinweise bei M. Adrian: The Cell and the Organism: a Reexamination. In: Philosophical Problems in Biology. V. E. Smith, ed., New York 1966, S. 11.

[43] E. W. Sinnot, L. C. Dunn, Th. Dobzhansky: Principles of Genetics. New York, London, 5th ed. 1959, S. 384.

sondern auf unterschiedliche Randbedingungen, auf geänderte Umweltbedingungen *in vitro* und *in situ* oder als Folge neuer räumlicher Konstellationen derselben Komponenten, hinweisen[44]. Doch auch ein solcher Einwand würde nichts an der Tatsache ändern, daß eine Erklärung des Verhaltens der Komponenten ohne Untersuchung *in situ* unmöglich ist. Soweit es sich um die Möglichkeit einer physiko-chemischen Erklärung handelt, muß auch in Betracht gezogen werden, daß die bisherigen physikalischen und chemischen Gesetze und Theorien ausschließlich auf Grund der Beobachtung unbelebter Objekte oder isolierter Komponenten lebendiger Systeme, von Gegenständen also, die zumeist nicht oder nicht mehr lebten, entwickelt wurden. Die Umweltbedingungen, unter welchen die Beobachtung des Verhaltens der Objekte stattfand, waren diejenigen von möglichst vereinfachten, homogenisierten und stabilisierten Randbedingungen des Experiments. Die Aktionen physikalischer und chemischer Objekte (d. s. Atome und Moleküle) im lebendigen System finden unter gänzlich anderen Randbedingungen statt. Die artifizielle Umwelt des physikalischen und chemischen Experiments steht in scharfem Gegensatz zu der sich im dynamisch fließenden Gleichgewicht befindenden heterogenen, vielphasigen, räumlich höchst strukturierten Umgebung im lebendigen System mit seinen semipermeablen Membranen, seinen örtlich divergierenden, in höchstem Grade variablen und modifikationsfähigen physikalischen und chemischen Parameterwerten. Man muß daher fragen, ob es hier nur um die Feststellung anderer Randbedingungen geht oder neue *fundamentale* Theorien und Gesetze der Physik und Chemie entwickelt werden müssen. Doch selbst wenn sich solche nicht als notwendig erweisen sollten, bliebe doch die These T^2 samt ihren Konsequenzen unberührt bestehen. Da die „Feststellung besonderer Randbedingungen *in situ*" die oben erwähnte spezielle Theorie der Systemorganisation einschließen müßte, können Biophysik und Biochemie keineswegs nur bloße Anwendungsbereiche der aus der unbelebten Natur bekannten Gesetze und Theorien darstellen. Die Sprache der heutigen Atomphysik und Chemie scheint allerdings zur Formulierung einer solchen Theorie nicht auszureichen.

Zu T^3: Auf den ersten Blick scheint diese These von recht obskurem Charakter zu sein und in mystische Tiefen zu reichen. Denn auf welch wundersame Weise entstehen solch besondere Systemeigenschaften, die weder Eigenschaften der Komponenten sind, noch aus der inneren Struktur, also der Wechselwirkung der Systemteile, resultieren? Zwei Deutun

---

[44] So z. B. E. Nagel: Structure of Science, a.a.O., S. 443.

gen dieser These bieten sich an: Einmal könnte man diese Eigenschaften im Sinne einer bestimmten Version des Emergentismus als primäre, vorgegebene, unanalysierbare und unerklärbare emergente Eigenschaften[45] der Systeme einer gegebenen Stufe der hierarchischen Organisation sehen. Im Falle dieser Interpretation würde sich T^3 mit der Hauptthese des Kryptovitalismus (nach unserer Klassifikation) decken. Die andere Interpretation ginge dahin, die besonderen Systemeigenschaften nicht aus der Wechselwirkung der Komponenten und aus ihren Eigenschaften, ja sie überhaupt nicht von der „vertikalen" Struktur des Systems her zu erklären, sondern sie als „relationale Eigenschaften" des Systems in seiner Funktion als Komponente der höheren Stufe, also im Zusammenhang mit der „horizontalen Struktur", auf Systemebene zu untersuchen und verständlich zu machen. Nach T^3 wäre es undenkbar, die Sprache z. B. der Zellbiologie, geschweige denn der Molekularbiologie, zur Erklärung der Herkunft solcher Eigenschaften höherer Tiere, wie „Leittier" oder „Revierbeherrscher" zu sein, heranzuziehen. Genauso unmöglich wäre es, eine Beschreibung der Rangordnungsverhältnisse innerhalb einer tierischen Gemeinschaft von den Theorien und Gesetzen der Chemie der Organismen zu deduzieren, wie es auch unmöglich ist, den Marktwert einer 10-DM-Banknote auf Grund der chemischen Struktur der Zellulose und der chemischen Zusammensetzung der verwendeten Farben zu erklären. Der Gedanke einer zukünftigen Erweiterung der Physik und Chemie, die eine solche Reduktion in beiden Fällen ermöglichte, scheint eher absurd. Es drängt sich daher die Schlußfolgerung auf, daß zumindest in bestimmten Gebieten der Biologie, sei es in der Ethologie, der Theorie der ökologischen Populationsdynamik, der Populationsgenetik oder der Biosoziologie, immer die biologischen Einzelwesen und nicht die physikalisch-chemischen Einheiten elementare, nicht weiter reduzierbare Objekte der Untersuchung und Erklärung bleiben werden[46]. Hier besteht somit eine prinzipielle Unreduzierbarkeit bestimmter biologischer Disziplinen zu Physik und Chemie. Die Anerkennung dieser Tatsache scheint dem mechanistischen Denken Schwierigkeiten zu bereiten. Die Ursache des Widerstandes, auf den jede, sei es noch so begrenzte, Unreduzierbarkeitsthese stößt, beruht offenbar auf dem Fehler der Identifizierung der ontologischen mit den methodologischen und metatheoretischen Fragen (vgl. 2.1). Auf diesen Fehler wies bereits J. H. *Woodger* hin, als er betonte,

---

[45] Hier zeigt sich, daß nicht nur solche Termini wie „Reduktion" und „Mechanismus", sondern auch solche wie „emergente Eigenschaft" und „Emergentismus" vieldeutig sind.

[46] Vgl. L. von Bertalanffy: Das biologische Weltbild, a.a.O., S. 145 - 146.

daß man aus der Tatsache, daß ein Objekt ausschließlich aus chemischen Einheiten *gebaut* ist, nicht folgern könne, daß dieses Objekt auch vollständig in der Sprache der Chemie beschrieben werden könne. Unglücklicherweise übersieht sogar ein so erfahrener Analytiker wie K. F. *Schaffner* dieses logische non sequitur und diese unreduzierbaren Aspekte des Verhaltens der Organismen. So wird das Verhalten eines Organismus auf die rein vegetativen Aspekte seiner Aktivität reduziert, und diese werden als physiko-chemisch erklärbar gesehen, nur weil „die Organismen letzten Endes nichts anderes als chemische Systeme" seien[47].

3.2.2 „Die unreduzierbare Struktur des Lebens"

Seit dem 17. Jahrhundert und René *Descartes'* „Tier-Maschine" verglichen Mechanisten und Reduktionisten das Funktionieren des Organismus mit demjenigen einer Maschine, während die Antireduktionisten darauf beharrten, daß die „Maschinentheorie des Organischen" falsch und Organismen keine Maschinen seien[48]. Erst mit der Publikation zweier Arbeiten des prominenten englischen Chemikers und Philosophen phänomenologischer Prägung M. *Polanyi*[49] wurde die Erstarrung der Diskussion durchbrochen. Der Titel seiner zweiten Arbeit: „Life's irreducible structure" wurde zur Losung der Antireduktionisten. In beiden Artikeln versucht *Polanyi* den Beweis zu erbringen, daß Biologie nicht deswegen unreduzierbar sei, weil Organismen keine Maschinen darstellen, sondern gerade deshalb, weil sie den *Maschinen ähnlich seien!* Was bisher die Physiker als Selbstverständlichkeit betrachteten, verkehrte er in sein Gegenteil, wenn er behauptete, daß das Funktionieren einer Maschine, z. B. einer Pendeluhr, wohl mit den Gesetzen der Physik und Chemie übereinstimme, aber aus ihnen nicht deduzierbar sei. *Polanyi*s Artikel gaben den Anstoß zu heftigen Diskussionen und scharfer Kritik. Trotzdem wurden einige Punkte seiner Argumentation sogar von seinen Kritikern als interessante und wichtige Beiträge zur Frage der Reduktion in der Biologie herausgegriffen. Auch wir werden hier an einige seiner Gedanken, sofern sie relevant sind, als Ausgangspunkt für weitere Überlegungen anknüpfen.

---

[47] K. F. Schaffner: The Watson-Crick Model, a.a.O., S. 346.

[48] Vgl. z. B. L. von Bertalanffy: Theoretische Biologie, Bd. 1, a.a.O., S. 55-58.

[49] M. Polanyi: Life Transcending Physics and Chemistry. Chemical and Engineering News *45*, 1967, S. 54-66; Polanyi: Life's Irreducible Structure. Science, Vol. 160, No. 3834 (1968), S. 1308-1312.

Der Kern seiner Darstellung betrifft die „Struktur", die, ob es sich um die Struktur eines Organismus oder um diejenige einer Maschine handelt, aus den Gesetzen der Physik und Chemie nicht deduzierbar sei. Sie bestimme aber, so *Polanyi*, die Art und Weise, in der sowohl der Organismus als auch die Maschine funktioniere. Die Struktur dränge den Gesetzen der Physik und Chemie Randbedingungen auf, die diese Gesetze zwingen, der Maschine oder dem Organismus zu „dienen". Nach *Polanyi* umfaßt jeder Mechanismus, Maschine oder Organismus, eine Struktur aus Randbedingungen, die zwar die Gesetze der unbelebten Natur „einspannen", aber selbst auf diese Gesetze nicht reduzierbar sind. Seine Argumentation geht weiter dahin, daß die DNA-Moleküle gerade darum als Informationsträger funktionierten, weil die in jedem Fall verschiedene, spezielle lineare Sequenz der Basen, also die individuelle Struktur eines jeden DNA-Moleküls, weder von den Gesetzen der Physik und Chemie eindeutig determiniert, noch aus ihnen abgeleitet werden könnten. Genauso sei auch die spezifische Organisation des hormonal-enzymatischen Systems nicht aus den Gesetzen der Molekularebene deduzierbar. Auch der Wortschatz einer Sprache ließe sich nicht aus ihrer Phonetik oder die Grammatik aus dem Wortschatz ableiten. In allen diesen Fällen stelle die morphologische Struktur der höheren organisatorischen Ebene die Randbedingungen dar, die „die Prinzipien der niedrigeren Stufe zum Dienst an der neuen, höheren Stufe einspannen"[50]. Das Leben, oder anders gesagt, das Verhalten eines Organismus sei also — wie das Verhalten einer Uhr — nicht auf die Gesetze der unbelebten Natur reduzierbar, denn die strukturellen Randbedingungen, die das Verhalten beider Systeme bestimmen, „transzendieren" die Gesetze der Physik und Chemie[51].

Wir verzichten hier auf eine detaillierte Kritik von *Polanyi*s Arbeiten, lassen auch seine recht unglücklichen Formulierungen wie z. B. diese, daß „die Gesetze der Physik und Chemie dem Organismus *dienen*", beiseite und verschweigen seine weiteren, eher unklaren Überlegungen über die „from-at"-Kenntnisse und „from-at"-Erfahrungen. Seine Gedanken können aber durchaus einen Denkanstoß hinsichtlich der Frage der Ableitbarkeit oder Nichtableitbarkeit der Struktur der Organismen oder, allgemeiner ausgedrückt, der Organisationsprinzipien des Organischen aus den Gesetzen der Physik und Chemie geben. So könnte man die Frage stellen, ob solche unreduzierbaren Randbedingungen, denen *Polanyi* im Bereich

---

[50] M. Polanyi: Life's Irreducible Structure, a.a.O., S. 1311.
[51] M. Polanyi: Life's Irreducible Structure, a.a.O., S. 1309.

der biologischen und der von Menschen hergestellten Mechanismen eine
so besondere Rolle zuschreibt, nicht auch in der unbelebten Natur existieren. *Polanyi* konzediert zwar, daß dies der Fall ist, behauptet aber,
daß den Randbedingungen der unbelebten Natur eine gänzlich andere
Funktion zukomme als jenen der belebten Natur und der Maschinen.
Warum aber sollten unbelebte Systeme der Geologie, Geographie oder
Astronomie nicht ebenfalls „Systeme unter doppelter Kontrolle" sein?
Weil es, so antwortet *Polanyi*, zwei Arten von Randbedingungen gebe:
„... the first represents a test-tube type of boundary whereas the second
is of the machine type ... When we observe a reaction in a test-tube, we
are studying the reaction, not the test-tube. ... In the machine our principle interests lay in the affects of the boundary conditions, while in
experimental setting we are interested in the natural processes controlled
by the boundaries. ... By shifting our attention, we may sometimes
change a boundary from one type to another...[52]." Diese Bemerkungen
*Polanyi*s bringen den aufmerksamen Leser in recht peinliche Verwirrrung.
Spricht er hier über einen subjektiv bedingten Unterschied zwischen zwei
Forschungssituationen, in welchen unsere, die menschliche, Aufmerksamkeit und unsere Interessen verschieden gerichtet sind, oder meint er, daß
ein objektiv unterscheidbarer Tatbestand zwischen zwei an sich verschiedenen Typen von Randbedingungen gegeben sei? Besteht, wegen eines
anderen Typus von Randbedingungen, eine tatsächliche Diskontinuität
zwischen den Systemen der unbelebten Natur auf der einen und den
Maschinen und lebendigen Organismen auf der anderen Seite, oder liegt
der Unterschied bloß in unserer Neugierde, die in beiden Fällen auf anderes gerichtet ist? *Polanyi* scheint weder über diese Fragen, noch weniger
aber über mögliche Antworten eine klare Vorstellung zu haben. Offensichtlich liegen aber doch zwei verschiedene Forschungssituationen und
nicht zwei an sich verschiedene Typen von Randbedingungen vor. *Jedes*
System arbeitet ja — um in *Polanyi*s Terminologie zu bleiben — unter
der doppelten Kontrolle von Gesetzen und Randbedingungen. In jeder
Forschung — sei ihr Objekt ein Gegenstand der unbelebten Natur, ein
Artefakt oder ein Organismus — sind die Rand- und/oder Anfangsbedingungen einmal als ein *gegebener* Faktor und auch, neben den Gesetzen, als ein *zusätzlich* die Erscheinungen determinierender Faktor zu
betrachten. Erst wenn Klarheit darüber besteht, kann man nach den
Möglichkeiten der *Beschreibung* und *Erklärung* der Randbedingungen
selbst oder, besser gesagt, der inneren Organisationsstruktur eines leben-

---

[52] M. Polanyi: Life's Irreducible Structure, a.a.O., S. 1308.

digen Systems ausschließlich mit den Mitteln der Sprache der Physik und der Chemie fragen.

3.2.3 Leben und Entropie

Zum Musterbeispiel einer Entwicklung, die durch wechselseitige Beeinflussung von Biologie und Physik einerseits zur Lösung eines der erstaunlichsten „Lebensrätsel" und andererseits zur Bereicherung und Erweiterung der Physik führte, wurde die Geschichte der Frage: „Das Leben und der zweite Hauptsatz der Thermodynamik".

Das ursprüngliche Problem könnte man so darstellen: Selbst im alltäglichen Leben kann man beobachten, daß jedes System der unbelebten Natur von sich aus einen Zustand anstrebt, in welchem die ursprünglich vorhandene innere Ordnung des Systems, seine Organisation, zerstört wird und eine chaotische Verteilung der Elemente stattfindet. So sind die schönsten architektonischen Bauwerke dem Verfall preisgegeben, sofern man sie nicht renoviert. Ähnliches geschieht, wenn wir versuchen, unsere Umwelt einer strukturierten Ordnung zu unterwerfen. Heizen wir z. B. unsere Wohnung, um die Innentemperatur gegenüber der Außentemperatur zu erhöhen, tendiert diese räumlich organisierte Differenz, sofern nicht ununterbrochen geheizt wird, zu verschwinden, da es früher oder später zu einem Temperaturausgleich, also zu einem Zustand der Auflösung der strukturierten Ordnung „innen — warm, draußen — kalt" kommen wird. Diese Tendenz zur Ausgeglichenheit kann man bei einer Vielzahl räumlich verteilter Unterschiede, sei es des Luftdrucks, der Konzentration von Substanzen in einer Lösung, der Energieverteilung usw., beobachten. In jedem Fall wird nach gewisser Zeit ein Zustand des Gleichgewichts, der rein zufälligen Verteilung der Elemente, also ein Zustand der maximalen Unordnung erreicht. Die Thermodynamik verwendet hier einen quantitativen Begriff, der ein Maß für die Ausgeglichenheit eines Systems bildet — die *Entropie.* Je organisierter ein System, desto kleiner ist seine Entropie; mit der Annäherung an den Gleichgewichtszustand wächst seine Entropie. Die allgemeine Tendenz zur Ausgeglichenheit (die nicht als „Streben der Natur", sondern als Resultat rein statistischer Regelmäßigkeiten zu verstehen ist) wird als physikalisches Gesetz formuliert, das man als den zweiten Hauptsatz der Thermodynamik bezeichnet. Es besagt, daß die Entropie (die in der mathematischen Formel üblicherweise mit dem Symbol S ausgedrückt wird) in allen geschlossenen Systemen nur wachsen, bestenfalls konstant bleiben, aber nie abnehmen kann ($dS/dt \geq 0$). Obwohl der zweite Hauptsatz der Thermodynamik bereits seit seiner klassischen Formulierung im Jahre 1845 als ein ausnahmslos universelles Naturgesetz betrachtet wurde, bestand ein krasser Widerspruch zwischen seiner Feststellung und den in der belebten Natur beobachteten Vorgängen. Z. B. nimmt im Prozeß der Embryo- und Morphogenese offensichtlich nicht die Unordnung, sondern im Gegenteil die Komplexität und Strukturiertheit der inneren Organisation zu. Ähnliches scheint auch für den Evolutionsprozeß, als Ganzes betrachtet, zu gelten. Obwohl es wegen technischer Schwierigkeiten nicht zu quantitativen Messungen und Berechnungen der Entropieveränderungen im lebenden Organismus kam (erste Versuche in dieser Richtung fanden erst in der Mitte der 50er Jahre statt)[53], schien hier eine wesentliche Verletzung eines grundlegenden physikalischen Gesetzes im Bereich des Lebendigen gegeben zu sein. Dieser Umstand gab natürlich sofort Anlaß zum Versuch, den Widerspruch durch eine vitalistische Interpretation seines Ursprunges zu eliminieren. Denn ein Widerspruch ergab sich ja nur dann, wenn man vom Anspruch ausging, daß die Gesetze der Physik im Bereich des Lebendigen unbeschränkt anwendbar und unverletzlich seien; negierte man aber von vorneherein, wie die Vitalisten, ihre Unbeschränktheit und Unverletzlichkeit, bestand kein Widerspruch, sondern ein zusätzlicher Beweis für die Richtigkeit der vitalistischen Lehre. Bereits in den 20er Jahren, mehr noch in den 30er Jahren, faßte die Idee Fuß, daß der zweite Hauptsatz der Thermodynamik im Falle der lebenden Organismen, sogar unter Ausschließung aller vitalen Prinzipien, nicht anwendbar sei, weil dem Gesetz der wachsenden Entropie *geschlossene* Systeme zugrundeliegen, während Organismen *offene* Systeme darstellen, die sich in einem ständigen Wechsel, Import und Export von Materialien und Energie, erhalten. Die geschlossenen Systeme tendieren also zu einem echten Gleichgewicht, der Organismus aber befinde sich, wie man mit Hilfe des etwas vagen Ausdrucks betonte, im Zustand eines „dynamischen Gleichgewichts". Im Jahre 1944 erschien E. *Schrödingers* berühmtes Buch „Was ist Leben", in dem er die Idee vertrat, daß Lebewesen sich im ständigen Austausch von Materialien mit der Umgebung befinden, da sie sich „von der negativen Entropie nähren", also die Unordnung der Umwelt vergrößern und die eigene dadurch verringern können. Drei Jahre später, 1947, erschien der erste Entwurf einer neuen thermodynamischen Theorie, die die Entropieverhältnisse der offenen und im Fließgleichgewicht (in einem stationären Zustand) befindlichen Systeme einbezog. Die klassische Thermodynamik wurde zum Spezialfall innerhalb der neuen Theo-

---

[53] Vgl. z. B. J. H. Morowitz: Some Order-Disorder Considerations in Living Systems. Bull. of Math. Biophys., Vol. 17 (1955), S. 81 - 86.

rie. Diese „Thermodynamik der irreversiblen Prozesse" wurde vom belgischen Physiker S. *Prigogine*[54] entwickelt. Die nunmehrige Formulierung des zweiten Hauptsatzes, in symbolischer Sprache ausgedrückt, lautet: $dS = d_eS + d_iS$. „dS" bezeichnet hier den totalen Saldo der Entropie eines offenen Systems in einem bestimmten Zeitabschnitt, „d_eS" die Zufuhr der Entropie in das System, bedingt durch die Wechselwirkung mit der Umgebung. Diese Größe kann auch einen negativen Wert haben (negative Entropie). „d_iS" bezeichnet die Änderungen in der Entropiemenge verursacht durch innere Prozesse. Diese Größe kann nur größer oder gleich Null sein: $d_iS \geqq 0$.

Für den Fall, daß $d_eS = 0$ ist, der eintritt, wenn das offene System zu einem geschlossenen wird, weil die Zufuhr von Entropie aus der Umgebung nicht vorhanden ist, geht das neue Entropiegesetz in den klassischen zweiten Hauptsatz der Thermodynamik über.

Die neue erweiterte thermodynamische Theorie eröffnete den Weg zum Verständnis der bisher rätselhaften Fähigkeit des Organismus, dem Anwachsen der Entropie zu widerstehen und die eigene innere Organisation nicht nur erhalten, sondern sogar komplexer machen zu können. In der Phase der Embryo- und Morphogenese, in der der Grad der Komplexität der inneren Organisation des lebendigen Systems ständig steigt, ist auch der Stoffwechsel und der „Import" aus der Umgebung der negativen Entropie am intensivsten, das Quantum der importierten Ordnung am größten. Im Erwachsenenstadium aber nähert sich die totale Bilanz der Entropie der Größe Null, da sich die verringerte Zufuhr von Negentropie (der negativen Entropie) mit zunehmender innerer Entropie ausgleicht. Im Altersstadium endlich wird die innere Tendenz zur wachsenden Entropie immer dominierender. Mit dem Tode hört der Organismus auf, ein offenes System zu sein.

Die Entwicklung der Thermodynamik der offenen Systeme öffnete aber nicht nur den Weg zur Klärung eines der „Lebenswunder", sie wurde auch für den Wissenschaftstheoretiker zum Beispiel einer Reduktion eines Teils der Biologie zur Physik. Es hat hier allerdings eine Reduktion stattgefunden, die nicht die bloße Anwendung aus der unbelebten Natur bekannter Prinzipien auf das Leben bedeutete, sondern die, als ihre notwendige Bedingung, eine unter dem Druck der Bedürfnisse der biologischen Forschung stattfindende Weiterentwicklung und Erweiterung der Physik selber voraussetzte. Als solche kann sie als Modellfall für die

---

[54] J. Prigogine: Introduction to Thermodynamics of Irreversible Processes. Springfield, Ill. 1955.

Überlegungen über die Reduktionsmöglichkeiten und die zukünftigen gegenseitigen Verhältnisse zwischen Biologie und Physik dienen.

3.2.4 Einzigartigkeit der Individuen, Begrenztheit der Klassen und biologische Komplementarität als Faktoren der Sonderstellung der Biologie

Einer der wesentlichen Unterschiede zwischen den Objekten der Biologie und denjenigen der Physik, auf den im Zusammenhang mit der Eigenart der Biologie, manchmal auch mit ihrer vermeintlichen Unreduzierbarkeit zur Physik, hingewiesen wird, ist die Einzigartigkeit der biologischen Individuen und Phänomene.

Die enorme Komplexität sogar kleinster biologischer Einheiten, die die praktische Unwiederholbarkeit der einzelnen Strukturen bedingt, verbunden mit der relativ begrenzten Anzahl ähnlicher, überhaupt vergleichbarer lebender Objekte, steht tatsächlich in scharfem Gegensatz zur Ununterscheidbarkeit einzelner Objekte der Mikrophysik (so sind zwei Elektronen, die sich im selben energetischen Zustand befinden, nicht auseinanderzuhalten) und zur unendlichen Zahl zwar individuell verschiedener, aber vergleichbarer Objekte der Makrophysik. Verschiedene Autoren kommen hier zu sehr differierenden Schlußfolgerungen im Hinblick auf die logische und methodologische Eigenart der Biologie als Wissenschaft. J. C. *Smart* behauptet, daß es aus diesen Gründen in der Biologie keine Gesetze, sondern nur empirische Verallgemeinerungen geben könne[55]. N. V. *Timofeev-Resovskii* und *Rompe* verweisen darauf, daß wir uns in der Biologie einerseits auf die statistischen Gesetzmäßigkeiten beschränken müssen, da es keine Möglichkeit gebe, den Anfangszustand biologischer Einheiten genau festzustellen[56], auf der anderen Seite aber die Zahl der in relevantem Aspekt vergleichbaren Objekte für die statistische Erfassung bei weitem zu klein sei. „From the statistical point of view the number of identical units in biological experiments must be considered to be negligible. This leads to a situation in which... the result of the experiment is practically indeterminate ...[57]." Zum selben

---

[55] J. J. C. Smart: Philosophy and Scientific Realism. London 1963, S. 55.

[56] Ausführliches zu diesem Thema s. bei Z. Kochanski, Conditions and Limitations of Prediction Making in Biology. Philosophy of Science, Vol. 40 (1973), S. 45 - 49.

[57] N. V. Timofeev-Resovskii and R. R. Rompe: Statistical Phenomena and the Amplification Principle in Biology. In: Problems of Cybernetics II (A. A. Lyapunov, chief ed.) London, New York 1961, S. 569 - 585.

Schluß kam auch Th. *Dobzhansky* auf Grund seiner Erfahrung aus populationsgenetischen Experimenten mit Drosophila-Fliegen[58].

B. *Glass* und W. M. *Elsasser* sehen in dieser Situation ein Argument für die prinzipielle Unreduzierbarkeit der Biologie zur Physik: „The uniqueness of the particular event, embedded in the history and evolution of life, seems an unanswerable argument for the possibility of explaining all aspects of life in terms of the laws of physical sciences which are demonstrable in non-living systems[59]."

Da die antireduktionistische Argumentation bei B. *Glass* und W. M. *Elsasser*, soweit sie von der Einzigartigkeit der biologischen Einzelereignisse und Begrenztheit der Klassen ausgeht, mehr oder weniger übereinstimmt, Elsasser aber sie differenzierter artikuliert, werden wir uns hier auf die kurze Darstellung und Analyse seiner Gedankenkette beschränken. In seinem Versuch, die Unreduzierbarkeit der Biologie zur Physik zu begründen, verwendet *Elsasser* zur Unterstützung seiner Theorie zwei grundlegende Prinzipien: das *verallgemeinerte Komplementaritätsprinzip* von Niels *Bohr* und das von ihm selbst entwickelte *Prinzip der Begrenztheit der Klassen* (Principle of Finite Classes). *Bohr*s Prinzip der verallgemeinerten Komplementarität besagt, daß eine bestimmte Analogie zwischen der Erkenntnislage, in der wir uns im biologischen und jener, in der wir uns im mikrophysikalischen Bereich befinden, besteht, die die Verwendung doppelter, sich gegenseitig ausschließender und gleichzeitig ergänzender, „komplementärer" Beschreibungen der Phänomene unvermeidbar macht. So wie in der Quantenmechanik entweder die genaue raum-zeitliche Lokalisierung eines Teilchens oder die genaue Beschreibung der Geschwindigkeit und Richtung seiner Bewegung erfolgen könne, so könne in der Biologie entweder eine detaillierte Beschreibung der Mikrozustände der Atome und Moleküle im Organismus oder eine Beschreibung des Funktionierens der Lebenseinheit als Gesamtheit gegeben werden, nicht aber beides zugleich beschrieben werden. Diese spezifische biologische Komplementarität sei die Folge davon, daß die Messung der Mikrozustände innerhalb des Organismus seine Tötung voraussetze[60]. Da eine

---

[58]   Th. Dobzhansky: On Methods of Evolutionary Biology and Anthropology. Am. Scientist, Vol. 45, No. 5, Dec. 1957, S. 390.

[59]   B. Glass: The Relation of the Physical Science to Biology-Indeterminacy and Causality. In: Philosophy of Science, Vol. I (Delaware Seminar in the Philos. of Science, 1961 - 1962 (B. Baumrin, ed.) New York, London 1963, S. 248.

[60]   Zwar nicht aus ontologischen (wie die Kryptovitalisten), sondern aus erkenntnistheoretischen Gründen war aber auch Niels Bohr der Ansicht, daß das

genaue und gleichzeitige Beschreibung der Mikro- und Makrozustände des Organismus nicht möglich sei, lasse sich das Verhalten des Organismus nicht vollständig auf die Zustände auf der Mikroebene zurückführen und sei nur beschränkt voraussagbar[61].

Elsasser benutzte *Bohrs* These als Ausgangspunkt für seine weiteren Überlegungen und ergänzte sie durch sein Prinzip der begrenzten Klassen. Er weist darauf hin, daß die Voraussagen in der Quantenmechanik sich immer nur auf die Wahrscheinlichkeit von Ereignissen beziehen und ihnen nur dann ein operationeller Sinn zukomme, wenn sie als Aussagen über die Häufigkeit bestimmter Ereignisse *innerhalb einer gegebenen Klasse identischer Objekte,* z. B. Atome, zu verstehen sind[62]. Er nennt einen Satz von Atomen oder Molekülen, die sich im selben Quantenzustand befinden, „eine vollkommen homogene Klasse" und betont, daß die integrale Charakteristik der Messungsprozesse in der Atom- und Molekularpysik darin liege, daß sie immer nur an vollkommen

---

Leben und seine Eigenschaften als etwas Primäres, nicht weiter Analysierbares zu betrachten sei. In seinem oben erwähnten Vortrag „Licht und Leben" sagte er: „... Die Bedingungen bei biologischen und physikalischen Untersuchungen (können) nicht unmittelbar miteinander verglichen werden..., da die Notwendigkeit, das Untersuchungsobjekt beim Leben zu halten, für jene eine Einschränkung bedeutet, die bei diesen kein Gegenstück hat. So würden wir zweifellos ein Tier töten, wenn wir versuchten, eine Untersuchung seiner Organe so weit durchzuführen, daß wir den Anteil der einzelnen Atome an den Lebensfunktionen angeben könnten. In jedem Versuch an lebenden Organismen muß daher eine gewisse Unsicherheit in bezug auf die physikalischen Bedingungen, denen sie unterworfen sind, bestehen bleiben; und es drängt sich der Gedanke auf, daß die geringste Freiheit, die wir in dieser Hinsicht den Organismen zugestehen müssen, gerade groß genug ist, um ihnen zu ermöglichen, ihre letzten Geheimnisse gewissermaßen vor uns zu verbergen. Von diesem Gesichtspunkt aus muß die Existenz des Lebens als eine Elementartatsache aufgefaßt werden, für die keine nähere Begründung gegeben werden kann und die als Ausgangspunkt für die Biologie genommen werden muß, ... Die behauptete Unmöglichkeit einer physikalischen oder chemischen Erklärung eigentlicher Lebensfunktionen dürfte in diesem Sinne analog zu der Unzulänglichkeit der mechanischen Analyse für das Verständnis der Stabilität der Atome sein" (1958, S. 9 - 10). Eine ausführliche Diskussion dieser Gedanken und der Art und Weise, wie sie später von den Vitalisten mißdeutet und mißbraucht wurden, kann man bei P. Frank, Modern Science and Its Philosophy, Harvard Univ. Press, Cambridge, Mass. 1949, Chap. 8, finden (wiedergegeben nach G. Stent, a.a.O. 1968).

[61] Vgl. N. Bohr: Licht und Leben, s. Anm. 2, S. 21.

[62] W. M. Elsasser: Atom and Organism, a New Approach to Theoretical Biology, Princeton 1966, S. 13.

homogenen Klassen vorgenommen werden[63]. Sei aber die Klasse nicht homogen, könne sie immer in homogene Subklassen geteilt werden, da uns nichts daran hindere, sie als Klasse unendlich vieler Individuen zu betrachten. Kenne man die Eigenschaften der homogenen Subklassen, stehe einer Kalkulation der Eigenschaften der nichthomogenen Klasse nichts mehr entgegen[64]. Ganz anders sieht *Elsasser* die Lage in der Biologie. Da die einzelnen Organismen in sich höchst komplexe und heterogene Systeme seien und da die möglichen Kombinationen der verschiedenen, durch die Gesetze der Quantenmechanik zugelassenen Quantenzustände enorm vielfältig seien, seien alle Klassen biologischer Individuen extrem heterogen. Hier aber, in der Biologie, geschehe es oftmals, daß sich die Prozedur der Präparierung homogener Subklassen als undurchführbar erweise, allein wegen der zu geringen Zahl entsprechender Individuen. „We may quite simply *run out of specimens* during the process of selection before we have reached a point where an adequate homogenization in terms of a subclass has been achieved. We now assume that this will, in fact, always occur in organisms[65]." So haben wir in der Biologie, nach *Elsasser*, immer mit begrenzten und heterogenen Klassen zu tun, was er 1958 als „Prinzip der begrenzten Klassen" formulierte[66]. Die Begrenztheit biologischer Klassen soll nun folgende Konsequenzen haben: „..., as soon as we postulate the finiteness of classes we are faced with *a dual* restriction concerning the prediction of organisms: We cannot predict the individual because measurements in it of sufficient thoroughness are intolerable (*Bohr*), but we cannot now supplement this limited information by measuring *other members of the class* (which we are free to destroy) so as to apply the information gained in order to improve on the prediction of the system at hand[67]." Daß die Organismen extrem heterogene Klassen — verglichen mit der Anzahl möglicher Variationen innerhalb der Klasse — formieren, sieht *Elsassers* „Arbeitshypothese" als die *wichtigste abstrakte Eigenschaft der Organismen* an[68]. Diese Eigenschaft, so folgert seine Hypothese, „leads to observable regularities which have no direct equivalent in homogeneous classes"[59] und „at the same

---

[63] W. M. Elsasser: a.a.O., S. 24.

[64] W. M. Elsasser: a.a.O., S. 29.

[65] W. M. Elsasser: a.a.O., S. 36.

[66] W. M. Elsasser: The Physical Foundation of Biology. New York 1958.

[67] W. M. Elsasser: The Physical Foundation of Biology, New York 1958, S. 36.

[68] W. M. Elsasser: a.a.O., S. 48.

[59] W. M. Elsasser: a.a.O.

time, on making the available samples representatives of exceedingly rare events, one denies the possibility that all observable regularities can be deduced as logico-mathematical consequences from the physical theory"[70]. Obwohl J. *von Neumann* den formalen Beweis konstruiert hatte, daß die Quantenmechanik mit der Existenz irgendwelcher Regelmäßigkeiten, sofern sie nicht von der Quantentheorie selbst deduktiv ableitbar sind, unvereinbar ist, sieht *Elsasser* hier keinen Widerspruch zwischen seiner Hypothese und *Neumanns* Beweis, denn: „this proof becomes invalidated if one goes from a universe of discourse composed of homogeneous classes of infinite membership to a finite universe of discourse in which radically inhomogeneous classes exist[71]."

Ohne hier weitere Einzelheiten von *Elsassers* Argumentation aufzugreifen, ist festzuhalten, daß es schwer fällt einzusehen, warum *die Existenz* (nicht die Möglichkeit!) zur Quantenmechanik unreduzierbarer biologischer Regelmäßigkeiten aus dem „Prinzip der begrenzten Klassen" hervorgehen soll. *Elsasser* scheint sich dieses wesentlichen non sequitur in seiner Denkkette bewußt zu sein, wenn er schreibt: „It must at first sight seem peculiar and self-contradictory that the inhomogeneity of classes which we have postulated as the only admissible deviation from conventional physics should now give rise to regularities (seemingly the very opposite of inhomogeneity). The contradiction is resolved by noting that these two phenomena may occur at *different levels of organization*[72]." Ich sehe nicht, wie das Problem allein durch den Hinweis auf eine Vielfalt von Organisationsebenen gelöst werden kann. Jedenfalls wird so nicht verständlicher, warum das Bestehen heterogener begrenzter Klassen *unbedingt* zum Auftreten neuer Regelmäßigkeiten *führen soll*. Auch S. *Kauffmans* Hinweis auf eine weitere Unschlüssigkeit in *Elsassers* Argumentation sei hier festgehalten, nämlich daß aus dem Prinzip der begrenzten Klassen keineswegs folgt, daß *jede* Regelmäßigkeit, die im Bereich der homogenen Klassen aufgedeckt werden könnte, zur Quantenmechanik unreduzierbar sein *muß*. „If one is, contingently, restricted to a small finite sample because the existing number of specimens is less than the number of possible quantum states or micro-states, *all* that logically follows is that we cannot verify or falsify all the corresponding predictions deduced from quantum theory. In no way follows that any

---

[70] W. M. Elsasser: a.a.O., S. 52.

[71] W. M. Elsasser: a.a.O., S. 75.

[72] W. M. Elsasser: Synopsis of Organismic Theory, Journ. of Theoret. Biol., Vol. 7, Part 1 (1964), S. 64.

regularity which *might* be found in the inhomogeneous class in *not* in principle *deducible* from quantum mechanics[73].

Nach dieser einschränkenden Kritik scheinen sich *Elsassers* Überlegungen auf die These der *Möglichkeit* unreduzierbarer Regelmäßigkeiten trotz des *Neumann*schen Beweises zu begrenzen. Den Beweis der Notwendigkeit des Auftretens von neuen Regelmäßigkeiten im Bereich der heterogenen begrenzten Klassen oder den Beweis der *prinzipiellen* Unreduzierbarkeit *aller* solcher Regelmäßigkeiten zur Quantenmechanik hat *Elsasser*, entgegen seinen Hoffnungen, wohl nicht erbracht.

Bohrs Argument der Unreduzierbarkeit, das sich auf die biologische Komplementarität beruft, scheint mehr Gewicht zuzukommen. Es ist natürlich eine offene empirische Frage, wie weit das Verhalten eines biologischen Systems von den Quantenzuständen der Atome und Moleküle abhängig sein kann. Es gibt Theorien, die einem solchen Zusammenhang eine sehr breite und wesentliche Rolle zuschreiben, es gibt andere, die diese Rolle auf die Prozesse der Entstehung genetischer Mutationen beschränken. Abhängig davon, welcher dieser beiden Richtungen die künftigen Erfahrungen Recht geben werden, wird sich *Bohrs* These als mehr oder weniger bedeutsam erweisen. Außerdem ist hier anzumerken, daß die biologische Komplementarität mit zwar realen, aber doch rein technischen Schwierigkeiten verbunden ist, während die Komplementarität in der Quantenmechanik eine unvermeidbare logische Folge der Theorie selbst darstellt. Man kann also doch nicht a priori die Möglichkeit ausschließen, daß in Zukunft technische oder rein theoretische Mittel entwickelt werden, die eine Feststellung der Mikrozustände erlauben, ohne das Lebewesen zu zerstören. In diesem Falle wäre auch *Bohrs* These hinfällig.

Ein weiteres Argument für die Unreduzierbarkeit der Biologie zur Physik, das zum selben Problemkreis gehört, liefert B. *Glass*, der — nach der Feststellung des Bestehens statistischer Gesetze auf allen Ebenen der Organisation der Materie — behauptet, daß „statistical laws of one level of organization are not reducible to the statistical laws of another"[74]. *Nagel* kritisiert diese These dahingehend, daß es gleichgültig sei, ob es sich um statistische oder deterministische Gesetze handele, weil die Mög-

---

[73] S. Kauffmann: Elsasser, Generalized Complementarity, and Finite Classes: a Critique of his Antireductionism. In: Boston Studies in the Philosophy of Science. Vol. XX, Proc. of the 1971 Biennal Meeting — Philos. of Science Assoc. (K. F. Schaffner and R. S. Cohen, eds.), Dordrecht, Boston 1974, S. 61.

[74] B. Glass: a.a.O., S. 243.

lichkeit der Reduktion nur vom Vorhandensein von „Brückengesetzen"
(„bridge laws" — Systemgesetze in der hier verwendeten Terminologie)
abhängig sei[75] Da *Nagel* das Problem der Reduzierbarkeit nur von der
rein logischen Warte her betrachtet und keinen logischen Widerspruch in
der Annahme sieht, daß solche Brückengesetze früher oder später aufgedeckt werden können, besteht für ihn keine prinzipielle Unreduzierbarkeit und ist jede weitere Diskussion überflüssig. Wie schon zuvor ausgeführt wurde, stehen wir auf dem Standpunkt, daß die Problematik der
Reduzierbarkeit nicht nur logische Aspekte aufweist und daher die Diskussion über die Wahrscheinlichkeit der Erfüllung von *Nagels* formalen
und nichtformalen Bedingungen der Reduktion auf Grund unserer heutigen theoretischen und methodologischen Kenntnisse durchaus legitim
und nützlich sein kann.

Die Einzigartigkeit der Individuen, die Begrenztheit der Klassen und
die biologische Komplementarität liefern so gesehen keine grundsätzlich
neuen Aspekte der Reduzierbarkeitsfrage, die über hier bereits diskutierte
oder zumindest erwähnte hinausgingen.

3.3 Reduktion und Eigentümlichkeiten der biologischen Sprache: Bewertende Begriffe und Aussagen, teleonomische und historische Erklärungen

Die bisherige kritische Analyse der auf spezifischen Eigenschaften des
Lebendigen basierenden antireduktionistischen Argumente zeigte, daß
diese sich vorwiegend auf die Schwierigkeiten der tatsächlichen Erfüllung
der Bedingungen der Reduktion konzentrieren oder sogar die Möglichkeit
ihrer Erfüllung aus erkenntnistheoretischen oder technischen Gründen
bezweifeln. Die prinzipielle Unmöglichkeit einer Reduktion aber haben
sie, hier stimme ich mit *Nagel* überein, nicht bewiesen. Es gibt allerdings
auch Umstände, die sogar *Nagel* eine Reduktion als prinzipiell unmöglich
ansehen ließen. So verweist er auf „a genuine alternative to both vitalism
and mechanism — namely, the development of systems of explanation
that employ concepts and assert relations neither defined in nor derived
from the physical sciences"[76].

Auch aus C. G. *Hempels* Versuch, die reduktionistische These vom
linguistischen Standpunkt her zu rekonstruieren, ließe sich ableiten, daß,

---

[75] E. Nagel: Issues in the Logic of Reductive Explanations. a.a.O., S. 134.
[76] E. Nagel: Structure of Science. New York 1961, S. 431.

sofern die Biologie spezifische, in die Sprache der Physik nicht übersetzbare und nicht überflüssige Termini verwende, eine Reduktion prinzipiell
unmöglich wäre[77].

Wie im Punkt 2.2.3 ausgeführt wurde, stellen aber sowohl die *bewertenden Begriffe und Urteile* wie auch die *historischen und teleonomischen
Erklärungsarten* einen integralen Bestandteil der gegenwärtigen biologischen Sprache dar, während sie weder in der Quantenmechanik noch in
anderen Gebieten der Physik oder Chemie anwendbar sind. Wir glauben
nicht, daß diese Ausdrücke und Erklärungsarten überflüssig sind oder sich
in die Sprache der heutigen theoretischen Physik, geschweige denn in die
Sprache der Quantenmechanik übersetzen ließen. Würde man solche Begriffe einfach eliminieren, müßten ganze biologische Disziplinen (wie z. B.
Teratologie) ausgeklammert werden[78]. Solange man aber Wissenschaften
wie Kosmogonie, Geologie, Metereologie, Kybernetik und vor allem
Technologie (d. i. „engineering sciences") mit ihren historischen und funktionalen Erklärungsweisen, den Optimierungsprinzipien, ihren Begriffen
eines „normalen" und eines „abnormalen" Vorganges, ihren Bewertungen
eines Zustandes als vergleichsweise „vorteilhaft" usw., außerhalb der
Physik stehen läßt, kann von einer vollständigen Übersetzbarkeit der
Sprache der Biologie in diejenige der Physik keine Rede sein. Selbst wenn
man eine solche Ausdehnung der Physik befürwortet, um die metatheoretische Reduzierbarkeit zu retten, bleibt immer noch das für die
Biowissenschaften so grundsätzliche und unabdingbare Prinzip der natürlichen Auslese bestehen, mit dem in der Physik, alle oben erwähnten
Wissenschaften eingeschlossen, kaum operiert werden könnte.

K. *Popper,* der auf einen ähnlichen Aspekt der Frage der Reduktion
der Chemie zur Physik hingewiesen hat, schrieb folgendes hinsichtlich der
Reduktion der Biologie: „As I have tried to show, the attempt to reduce
chemistry to physics demands the introduction of a theory of evolution
into physics; that is, a recourse to the history of our cosmos. A theory

---

[77] Vgl. C. G. Hempel: Reduction: Ontological and Linguistic Facets. In:
Philosophy, Science and Method. Essays in Honor of Ernst Nagel. (S. Morgenbesser, P. Suppes and M. White, eds.), New York 1969, S. 182.

[78] Die Frage, warum normative Begriffe und bewertende Urteile sowie auch
historische und teleonomische Erklärungsarten für die Biowissenschaften unentbehrlich sind und worin die Gründe für diese Besonderheiten der Biologie als
Wissenschaft liegen, verlangt eine weit ausführlichere Analyse, die hier nicht
durchführbar ist.

of evolution is, it appears, even more indispensible in biology. And so is, in addition, the idea of purpose or teleology or (to use Monod's term) of teleonomy, or the very similar idea of problem solving, an idea which is quite foreign to the subject matter of the non-biological sciences...[79]."

Es scheint also keine andere Alternative zu bestehen, als entweder den Begriff der Physik eher artifiziell zu erweitern, indem man alle nicht in die heutige Sprache der Physik übersetzbaren biologischen Begriffe durch übereinstimmende Konvention in die Physik übernimmt, oder die Idee zu akzeptieren, daß das Postulat der Reduktion der Biologie zur Physik im Sinne ihrer Ableitbarkeit aus der Physik einen Restposten des Mechanismus des 18. Jahrhunderts darstellt.

3.4 Endergebnis der Analyse

Die Resultate dieser Arbeit könnten folgendermaßen zusammengefaßt werden:

1. Die Frage der Reduzierbarkeit verschiedener Biowissenschaften zur Physik und Chemie darf nicht auf die Frage der Reduzierbarkeit „der Biologie" eingegrenzt werden. In jeder biologischen Disziplin müßten Denkmethoden und Wortschatz im Hinblick auf ihre heuristische Unentbehrlichkeit und auf ihre Übersetzbarkeit in die Sprache der Physik überprüft werden, bevor irgendein Urteil über die Reduktionsmöglichkeit in der gegebenen Disziplin gefällt wird.

2. Genau wie der Begriff „Biologie" muß auch der Begriff „Physik" genau spezifiziert werden, zumindest soweit es sich um Disziplinen handelt, die in den kollektiven Begriff „Physik" eingeschlossen werden sollen. Die Prozedur einer möglichen Ausdehnung der Physik auf neue Gebiete sollte nicht auf rein artifizielle oder konventionelle Weise erfolgen; es sollten interne, mit der Entwicklung der Physik als solcher verbundene Gründe für die Ausweitung vorhanden sein.

3. Ohne die Erweiterung des Begriffes „Physik" auch auf solche naturwissenschaftlichen Disziplinen, die die Denkmethoden und den Wortschatz der biologischen Wissenschaften absorbieren könnten, scheint

---

[79] K. R. Popper: Scientific Reduction and the Essential Incompleteness of All Science. In: Studies in the Philosophy of Biology. Reduction and Related Problems. (F. J. Ayala and Th. Dobzhansky, eds.), Berkeley, Los Angeles 1974, S. 271.

in den meisten Fällen eine Reduktionsmöglichkeit prinzipiell nicht gegeben zu sein.

4. Die Frage nach den metatheoretischen Reduktionsmöglichkeiten ist vollkommen unabhängig von der ontologischen Frage, ob Lebewesen ausschließlich aus Teilen bestehen und von Kräften beherrscht werden, die auch in der unbelebten Natur vorhanden sind. Mechanismus und Vitalismus stellen nicht die einzigen Alternativen dar.

5. Mit wenigen Ausnahmen unter extremen Reduktionisten besteht allgemeines Einverständnis darüber, daß zur Zeit Biologie zur Physik nicht reduzierbar ist. Das soll sowohl durch die gegenwärtige Unreife der Biologie (den Mangel an formalen Gesetzen) als auch durch Unreife der Physik bedingt sein. Die Unvollständigkeit der Physik als Basis der Reduktion kann unter zwei verschiedenen Aspekten gesehen werden: Erstens ergibt sich die Frage, wie breit die physikalische Reduktionsbasis sein müßte, um den Wortschatz und die Erklärungsarten der Biowissenschaften absorbieren, d.h. übersetzbar machen zu können. Es muß eine prägnante Vorstellung darüber bestehen, wie umfangreich die Sprache der Physik sein müßte, um z.B. eine Aussage wie: „Der Adler ist ein Raubvogel, der durch natürliche Auslese zur solitären Jagd aus der Luft besonders gut adaptiert worden ist" vollständig und ohne Sinnverlust übersetzbar machen zu können.

Zweitens entsteht die Frage, inwieweit der Satz der physikalischen Gesetze hinreicht, um biologische Phänomene und Gesetzmäßigkeiten zu erklären. So hervorragende Physiker, Biophysiker und Biologen wie u. a. N. *Bohr* und M. *Delbrück*[80], A. *Szent-Györgyi* und G. *Pontecorvo*[81] glaubten oder glauben, daß die physikalische Untersuchung der Lebensphänomene zur Entdeckung neuer universeller Gesetze führen muß oder wenigstens die Entwicklung solcher Gesetze eine notwendige Bedingung für die physikalische Erklärung der Lebenserscheinungen darstellt. Andere, wie z. B. C. F. *von Weizsäcker*[82] (1964, S. 88) oder M. *Eigen*[83] (1971,

---

[80] s. Anm. 23, S. 85.

[81] A. Szent-Györgyi: Fifty Years of Poaching in Science. In: Biology and the Physical Science. (S. Devons, ed.), New York, London 1969, S. 23 - 24. G. Pontecorvo: Template Processes in Heredity and Evolution. In: Biology and the Physical Sciences. (S. Devons, ed.), New York, London 1969, S. 26 - 27.

[82] C. F. von Weizsäcker: Die Geschichte der Natur. 6. Aufl., Göttingen 1964, S. 88.

[83] M. Eigen: Selforganization of Matter and the Evolution of Biological Macromolecules. Naturwissenschaften, 58. Jg., H. 10, Okt. 1971, S. 521.

S. 521) zweifeln daran, schließen aber die Notwendigkeit der Formulierung besonderer physikalischer Gesetzmäßigkeiten mit zu biologischen Systemen begrenzter Anwendbarkeit nicht aus.

Eines jedenfalls scheint uns ohne Zweifel feststellbar: Die Reduktion kann nicht durch die bloße Anwendung von Theorien, Gesetzen und Prinzipien, die ausschließlich auf Grund der Forschung in der unbelebten Natur formuliert wurden, stattfinden. Man könnte eventuell einräumen, daß *Bohr* und *Delbrück* sich wohl geirrt haben könnten, wenn sie die Aufdeckung neuer *universeller* physikalischer Gesetze prognostizierten; doch der Irrtum der Mechanisten, die den heutigen Satz von Aussagen der Physik als hinreichende Basis für eine Reduktion betrachten, ist genauso gravierend. W. *Weaver*[84], der Mitbegründer der Informationstheorie, wies darauf hin, daß die Wissenschaft bis vor kurzem von der *linearen Kausalität* beherrscht war: Ursache und Wirkung der zwei variablen Probleme, Reiz und Reflex usf., waren Prototypen des Denkens der klassischen Physik. Später tauchte das Problem der *unorganisierten Komplexität* auf, das durch die Formulierung statistischer Gesetze im Prinzip gelöst worden ist. Einen Modellfall für die Anwendung der Gesetze der unorganisierten Komplexität stellt die statistische Interpretation des zweiten Hauptsatzes der Thermodynamik in allen seinen Formulierungen dar. Heute aber sind wir auf allen Ebenen der hierarchischen Struktur des Universums mit dem Problem der *organisierten Komplexität* konfrontiert[85].

Ähnliche Gedanken, vor allem im Hinblick auf die Anwendbarkeit der Physik zur Erklärung der Lebenserscheinungen, haben W. A. *Rosenblith*[86] (1966) und C. H. *Waddington*[87] (1969) geäußert.

Soweit es sich um die Reife der Physik, gemessen daran, inwiefern ihr Satz von Gesetzen hinreicht, um als Basis der Reduktion beschriebener Lebensphänomene und formulierter biologischer Gesetze zu dienen, han-

---

[84] W. Weaver: Science and Complexity. Am. Scientist, No. 36 (1948), S. 536 to 544.

[85] Wiedergegeben nach L. v. Bertalanffy: Chance or Law. In: The Alpbach Symposium 1968. Beyond Reductionism. New Perspectives in the Life Sciences. (A. Köstler and J. R. Smythies eds.), Boston 1969, S. 57.

[86] W. A. Rosenblith: Physics and Biology — Where Do They Meet? Physics Today, Vol. 19, No. 1, Jan. 1966, S. 23 - 34.

[87] C. H. Waddington: Biological Organisation and Physical Systems. In: Biology and the Physical Sciences. (S. Devons, ed.), New York, London 1969, S. 172 - 186.

delt, neigen wir dazu, die Ansicht des prominenten Biochemikers und Nobelpreisträgers G. *Wald* zu unterstützen[88]: „I am sure that no amount of waiting will ‚reduce‘ the most characteristic problems of biology to present-day chemistry and physics. If biology ever is ‚reduced‘ to chemistry and physics, it will be only because the latter have grown up to biology. At this point it will be hard to say which is which."

---

[88] G. Wald: Innovation in Biology, Scientific American, No. 199 (1958), S. 113.

Die Psychologie und das Problem
der Einheit der Wissenschaften

Von Dietrich Dörner

1. Einleitung

Ich möchte meine Anmerkungen zu dem gestellten Thema nicht im Rahmen eines historischen Exkurses über die Entwicklung der Psychologie machen, sondern ich möchte ausgehen von den spezifischen Problemen, denen sich der forschende Psychologe gegenübersieht.

Wie jeder Wissenschaftler in den empirischen Wissenschaften will der forschende Psychologe *Theorien* aufstellen, die es erlauben, Phänomene vorauszusagen, zu erklären und zu beeinflussen. Psychologische Theorien sollen dazu befähigen, psychische Phänomene zu prognostizieren, zu erklären und — z. B. durch Therapieverfahren, didaktische Pläne usw. — zu verändern. Dabei wäre es natürlich wünschenswert, nicht nur eine Menge von Theorien über verschiedene psychische Phänomene zu haben — etwa eine Denktheorie, eine Lerntheorie, eine Motivationstheorie, eine Neurosentheorie usw. —, sondern möglichst eine Einheitstheorie, aus denen man die Einzeltheorien durch Deduktion gewinnen könnte. Jeder weiß, daß dieser Wunsch im Augenblick eher ein Wunschtraum ist: die Psychologie ist nach den ersten großen theoretischen Entwürfen der Psychoanalyse, der Gestaltpsychologie und des Behaviorismus immer noch ohne eine allgemein anerkannte Generaltheorie oder auch nur den *Rahmen* für eine solche. Allerdings häufen sich in der letzten Zeit nach einer langen Zeit der Theorielosigkeit und sogar der Theoriefeindlichkeit Indizien für eine neue synthetische Phase in der Psychologie.

Betrachten wir also die Schwierigkeiten, die sich dem forschenden Psychologen bei dem Bestreben nach einer möglichst allgemeinen und präzisen Theorie entgegenstellen. Ich meine, daß folgende Merkmale dem Gegenstand der Psychologie zu eigen sind, die dem Forscher Schwierigkeiten bereiten und die die Psychologie als Wissenschaft von anderen Wissenschaften z. T. unterscheiden:

          Dietrich Dörner

— Intransparenz,
— Ganzheitlichkeit,
— Selbstreflexivität.

Ich möchte nun der Reihe nach diese Merkmale betrachten und dabei die Versuche diskutieren, die zur Überwindung der mit diesen Merkmalen verknüpften Schwierigkeiten gemacht worden sind.

2. Das Problem der Intransparenz

Psychisches Geschehen ist nur dem Individuum selbst *unmittelbar* zugänglich. Dem anderen ist immer nur die „Verhaltensschale" zugänglich. Das heißt, daß der Kern des Gegenstandes der Psychologie unmittelbar nicht objektiv (im Sinne von „intersubjektiv") feststellbar ist. Diese Tatsache brachte *Dingler* dazu, zwei Arten von Psychologie zu unterscheiden, nämlich „Allopsychologie" (Psychologie vom anderen) und „Autopsychologie" (die Psychologie von mir selbst). Das Verhältnis von Auto- und Allopsychologie ist seit jeher ein Streitpunkt in der Psychologie gewesen[1]. Im Zentrum der alten, introspektiven Psychologie stand die Autopsychologie. Allopsychologie wurde betrieben durch verallgemeinernde Analogieschlüsse vom eigenen Seelenleben auf das fremde (Methode des einfühlenden Verstehens). *Dilthey* zog an dieser Stelle die Grenze zwischen Naturwissenschaften und Psychologie: „Die Natur erklären wir, das Seelenleben verstehen wir."

Die Gegenreaktion gegen die „autopsychologische" Psychologie war der *Behaviorismus,* der mit radikaler Schärfe die Betrachtung der „inneren" psychischen Vorgänge aus seinen Programmen ausblendete und forderte, daß nur das unmittelbar objektiv Beobachtbare Gegenstand der Psychologie sein dürfte. Psychologie sollte die Wissenschaft von den Reiz-Reaktionsverbindungen und ihren Veränderungen sein. Der Behaviorismus brachte in die Psychologie viele sehr wichtige Dinge ein, z. B. die Forderung nach strenger empirischer *Kontrolle* der Aussagen über psychologische Sachverhalte und die Idee, aufgrund der Aufdeckung der Gesetzmäßigkeiten des Lernens, Erziehungsprozesse beliebig konstruieren zu können. Andererseits brachte er auch eine gewisse Theoriefeindlichkeit, die sich zum Teil bis zum heutigen Tage gehalten hat. Außerdem wurde

---

[1] Man betrachte die sehr differenzierte Diskussion des „Innen-Außen"-Problems bei N. Bischof: Erkenntnistheoretische Grundlagenprobleme der Wahrnehmungspsychologie. In: W. Metzger: Allgemeine Psychologie: I. Der Aufbau des Erkennens, 1. Halbband, Bd. 1. Handbuch der Psychologie in 12 Bdn. Göttingen 1966.

das Programm des Behaviorismus niemals rein durchgeführt. Als man daran ging, faktisch mit diesem Programm Psychologie zu betreiben, war man nämlich gezwungen, die „inneren Prozesse", die man durch das Hauptportal hinausgefegt hatte, durch das definitorische Hintertürchen wieder hineinzulassen. Man sprach nicht von inneren Prozessen, sondern von „inneren Reizen" und „inneren Reaktionen". Allerdings blieb die Introspektion in Acht und Bann und ist es zum Teil bis heute. Man überläßt sie gern als „unwissenschaftlich" den Alltagspsychologen. Dabei dürfte die Entfernung der Introspektion aus dem Arsenal der anerkannten Methoden der Psychologie einfach auf einen Denkfehler zurückzuführen sein. Bei den Methoden einer Wissenschaft muß man zwei große Gruppen unterscheiden, nämlich Methoden zum *Bilden* von Hypothesen und Methoden zum *Prüfen* von Hypothesen. Zur Hypothesenprüfung ist die Introspektion gänzlich unbrauchbar, sehr nützlich aber ist sie bei der Hypothesenbildung.

3. Das Problem der Selbstreflexivität

Die Notwendigkeit, zwischen einem der Beobachtung unzugänglichen inneren Bereich und einer beobachtbaren Schale zu unterscheiden, ergibt sich in vielen Wissenschaften, nicht nur in der Psychologie. Anscheinend einzigartig für die Psychologie ist die Möglichkeit, über diesen inneren Bereich Berichte zu bekommen, die sich aus der menschlichen Fähigkeit zur Introspektion ergibt. Diese Fähigkeit impliziert das zweite der oben genannten Merkmale, nämlich die Selbstreflexivität, die menschliche Fähigkeit also, sich selbst zum Gegenstand der Betrachtung zu machen. Die Selbstreflexivität ist ein schwerwiegendes Problem. Um so merkwürdiger ist es, daß es von der modernen Psychologie gar nicht behandelt wird[2]. Die menschliche Fähigkeit, sich selbst, d. h. den eigenen Körper und auch z. T. die psychischen Prozesse zum Gegenstand der Betrachtung zu machen, ist wohl eine Ursache für die Unterscheidung von *Leib* und *Seele*, also die Ursache für das Leib-Seele-Problem. Die menschliche Fähigkeit, sich gewissermaßen zweizuteilen in ein beobachtetes Objekt und ein beobachtendes Subjekt, legt die Aufteilung in zwei verschiedene Instanzen, nämlich Leib und Seele nahe. Hat man diese Unterscheidung erst einmal, so hat man auch sofort entsprechende Schwierigkeiten. Menschen nehmen wahr und handeln. All dies geschieht in einer physikalischen Welt. Irgend-

---

[2] In neuerer Zeit scheint sich allerdings daran etwas zu ändern, s. z. B. G. Mandler: Consciousness: Respectable, Useful, and Probably Necessary. In: R. L. Solso (ed.): Information Processing and Cognition. New York 1975.

wo aber müssen diese physikalischen Gebilde einmal in seelische übergehen um dann wiederum als physikalische Erscheinungen ans Licht zu treten. Wie geschieht das, wo ist die psychophysische Schwelle? Die älteren Psychologen hatten hier eine Art von Homunkulustheorie. Der Körper ist organon, ist Werkzeug für die Seele. Die Sinnesorgane haben eine Art von Zubringerfunktion für die Seele, so stellten sich *Lotze* oder *Ziehen* die Sachlage vor. — Die Tatsache, daß das seelische Geschehen ersichtlichermaßen eng an körperliche Geschehnisse gekoppelt ist, bereitet dieser Zwei-Instanzen-Theorie natürlich Schwierigkeiten. Es gibt verschiedene Versuche, diesen Schwierigkeiten gerecht zu werden; die Parallelismus-Theorie (prominenter Vertreter: *Leibniz*), die Wechselwirkungslehre (*Descartes*) und die Identitätslehre (*Spinoza, Fechner*). Die letztere könnte man auch Zwei-Seiten-Theorie nennen. *Fechner* betont, daß eben die körperlichen — speziell die Gehirnprozesse — von außen anders aussehen als von innen, daher sei es nicht verwunderlich, wenn man zum Fehlschluß käme, es handle sich bei beiden Dingen um Unterschiedliches.

Die Tatsache, daß man mit Hilfe informationsverarbeitender Maschinen eine ganze Reihe von Phänomenen nachahmen konnte, die man noch vor wenigen Jahren ohne Zögern in die Kategorie „psychischer Vorgang" eingeordnet hätte, führte dazu, daß heutzutage, wenn das Thema überhaupt behandelt wird, der *Identitätslehre* am meisten Aufmerksamkeit zuteil wird. Wir kennen künstliche Systeme, die „wahrnehmen", „lernen" und „denken". Wir kennen allerdings noch keine Systeme, die Selbstreflexivität besitzen. Es fragt sich nun, ob die Eigenschaft der Selbstreflexivität ein spezifisches Merkmal der Psychologie ist, welches die Psychologie von den anderen Wissenschaften trennt. Die Selbstreflexion scheint sich der Erfassung als Informationsverarbeitungsprozeß zu entziehen.

Selbstreflexivität bedeutet ja, daß ein System sich (partiell) zum Objekt der eigenen Beobachtung macht. Da wiederum auch der Selbstbetrachtungsprozeß selbst der Selbstbetrachtung zugänglich ist, liegt die unangenehme Vorstellung eines infiniten Regresses nahe. Muß man sich ein System mit der Fähigkeit zur Selbstbetrachtung nicht so ähnlich vorstellen, wie jene russischen Holzpuppen, in denen die jeweils äußere nur die Schale für eine weitere Puppe ist? Es fällt schwer, sich derartiges als informationsverarbeitendes System vorzustellen.

M. E. ist hier keine Grenze zwischen Psychologie und den anderen Wissenschaften zu ziehen. Betrachtet man nämlich Prozesse der Selbstreflexion empirisch, so erkennt man, daß die Selbstreflexion immer die *Vergangenheit* betrifft. Das sich selbst reflektierende Denken betrachtet sich nicht unmittelbar selbst, sondern die Protokolle seiner vergangenen Tätigkeit. Sich aber ein informationsverarbeitendes System vorzustellen, welches die Protokolle der vergangenen eigenen Tätigkeit zum Objekt der gegenwärtigen Arbeit macht, fällt nicht weiter schwer. Auch die Erklärung dieser Fähigkeit ist also m. E. möglich, *ohne* die Welt in zwei Teile zu spalten, nämlich in den physischen Bereich und den Bereich der psychischen Prozesse.

4. Das Problem der Ganzheitlichkeit

Das letzte Merkmal, auf welches eingegangen werden soll, ist die *Ganzheitlichkeit* psychischen Geschehens. Ganzheitlichkeit bedeutet hierbei, daß psychisches Geschehen Eigenschaften hat, die nicht auf die Merkmale der Komponenten zurückführbar erscheinen. Die Ganzheitlichkeit ist nicht etwas, was in der Psychologie zum ersten Mal auftaucht: Wasser hat gänzlich andere Eigenschaften als Sauerstoff und Wasserstoff.

Die Ganzheitlichkeit psychischer Vorgänge wird in der Psychologie gern an Phänomenen der optischen Täuschungen demonstriert: Die gemeinsame Wahrnehmung zweier senkrecht stehender paralleler Linien mit zwei Scharen diagonal verlaufender Parallelen führt keineswegs dazu, daß eben einfach zwei Wahrnehmungseindrücke gemeinsam vorhanden sind. Vielmehr entsteht ein neuartiger Eindruck, der weder auf die eine noch auf die andere Komponente zurückführbar ist: die beiden Parallelen erscheinen nicht mehr parallel. (Siehe Abb. 1; die Täuschung ist als die *Zöllner*sche Täuschung bekannt.)

Aus der Tatsache der Existenz „ganzheitlicher" Phänomene sind zwei Schlüsse gezogen worden:

1. Aufgrund der Ganzheitlichkeit ist der Anwendungsbereich analytischer Methoden in den Wissenschaften, deren Gegenstand die Eigenschaft der Ganzheitlichkeit aufweist, nur begrenzt. Vielmehr braucht man über die analytischen Verfahren hinaus noch „andere" Methoden, die es erlauben, eben diese Ganzheitlichkeit in den Griff zu bekommen. Aufgrund dieser Tatsache ergeben sich zwei Wissenschaftsbereiche, nämlich der Bereich der analytischen Wissenschaften und der Bereich der synthetischen Wissenschaften.

2. Reduktion der Wissenschaften, deren Gegenstand die Eigenschaft der Ganzheitlichkeit aufweist, auf andere ist nicht möglich. Denn die

 Dietrich Dörner

Ganzheitlichkeit zeigt ja gerade, daß die Gesamtheit mehr und andere Eigenschaften hat, als die Teile.

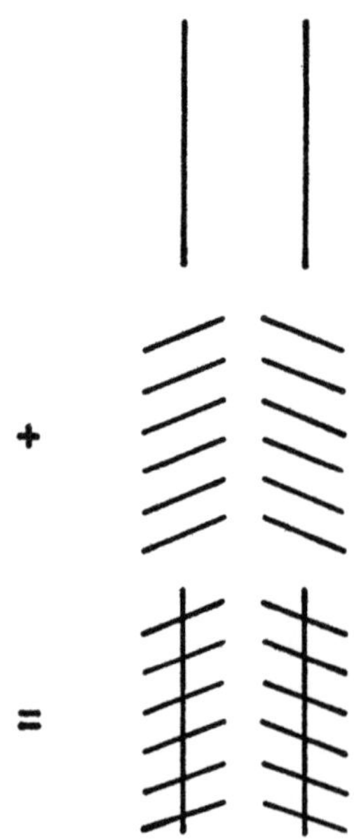

Abb. 1 (Zöllnersche Täuschung)

Ich halte beide Folgerungen (die natürlich eng zusammenhängen) für falsch. Denn es gibt sehr gute „analytische" Erklärungen ganzheitlicher Phänomene. Ganzheitlichkeit bedeutet — betrachtet man die entsprechenden Phänomene genau — *Kontextabhängigkeit* von Informationsübertragungsprozessen. Diese aber läßt sich sehr präzise und ganz „analytisch" beschreiben.

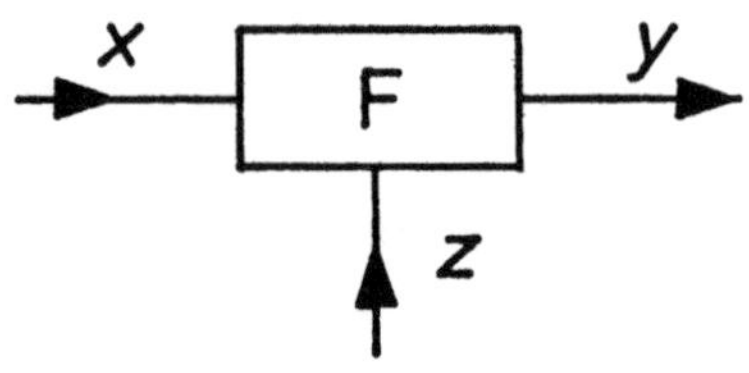

$$y = wenn\ z = 0\ dann\ x^2\ sonst\ z - 1$$

Abb. 2

Das Blockdiagramm der Abb. 2 zeigt eine Maschine, die „Ganzheitlichkeit" aufweist. Sie produziert auf gleiche Eingänge x ganz unterschiedliche Ausgänge, je nach dem Zustand des „Kontextes". Dies Beispiel zeigt, daß Ganzheitlichkeit sich sehr wohl analytisch betrachten läßt. Das Grundprinzip der Ganzheitlichkeit ist das Prinzip der interaktionalen Verknüpfung von Kausalketten.

Auch bedeutet die Existenz der Ganzheitlichkeit nicht, daß Wissenschaften nicht aufeinander reduzierbar sind. Denn wenn die Interpretation der Ganzheitlichkeit als Kontextabhängigkeit stimmt, so läßt sich sehr wohl das Verhalten des Ganzen aus der Kenntnis der Teile und ihrer Interaktion erklären. Allerdings bedeutet die Existenz von ganzheitlichen Phänomenen wohl, daß ein *radikaler* Reduktionismus nicht möglich ist. Unter radikalem Reduktionismus versteht *McMullin*[3] die wissenschaftstheoretische Haltung, die davon überzeugt ist, allein durch die Analyse der Gegenstände der Wissenschaft der nächst niederen Stufe vollkommene Kenntnis über die Gegenstände der nächst höheren Stufe zu erwerben. Der Neurophysiologe wird nicht „automatisch" die Gesetze der Psychologie mitentdecken, genauso wenig, wie der Psychologe die Gesetze der Soziologie automatisch mitentdecken wird, wenn er sich mit den psychischen Erscheinungen bei Einzelmenschen befaßt. Ganzheitlichkeit ist ein Interaktionsphänomen, dessen Gesetzmäßigkeiten sich nur dann enthüllen, wenn man die Teile in Interaktion miteinander betrachtet. Man entdeckt die für die Interaktion wesentlichen Eigenschaften von Dingen erst, wenn man die Dinge interagieren läßt.

Die Begriffe „Binnenstruktur" und „Verhaltensstruktur" sind in dieser Beziehung bedeutsam. „Verhaltensstruktur" wollen wir die Art und Weise nennen, in der ein System auf Außenreize reagiert; als „Binnenstruktur" wollen wir seine innere Beschaffenheit bezeichnen. Die Binnenstruktur determiniert die Außenstruktur, jedoch sind verschiedene Binnenstrukturen denkbar, die die gleiche Verhaltensstruktur erzeugen. Innerhalb der Binnenstruktur sind außerdem Komponenten vorhanden, die für die Außenstruktur von geringer oder keiner Bedeutung sind. Die Blutmenge oder die Herzschlagfrequenz eines Menschen z. B. dürfte kaum in kausaler Beziehung zu seinem politischen Verhalten stehen. Die Aufteilung der Merkmale der Binnenstruktur in für die Verhaltensstruktur wesentliche und nicht wesentliche kann nur unter Berücksichtigung ihrer Rolle für die Verhaltensstruktur erfolgen. Durch das Studium *einzelner*

---

[3] E. McMullin: What Difference does Mind Make?. In: A. G. Karczmar and J. C. Eccles: Brain and Human Behavior. Heidelberg, New York 1972.

Atome ist nicht feststellbar, daß die Anzahl von Elektronen auf der äußersten Schale wichtig ist für die chemische Reagibilität des entsprechenden Elementes.

Wenn nun Wissenschaften so geschachtelt sind, daß die jeweils nächstniedere sich mit der Binnenstruktur von Systemen befaßt, mit deren Außenstruktur sich die jeweils höhere befaßt, so ist klar, daß die nächstniedere bezüglich der Relevanz der von ihr untersuchten Merkmale im Dunkeln tappen muß. Sie braucht Leitlinien, die sie nur von der höhergeordneten Wissenschaft beziehen kann. Mit diesen Leitlinien allerdings ist es dann möglich, daß die Binnenstruktur eines Systems so erforscht wird, daß seine Außenstruktur daraus ableitbar ist. — Soweit zu dem Problem des Reduktionismus.

Ganzheitlichkeit bedeutet, daß die „analytische Prozedur" der klassischen Naturwissenschaften nicht anwendbar ist[4]. Man kann die Verhaltensstruktur eines „ganzheitlichen" Systems nicht erfassen, indem man die Gesetzmäßigkeiten einzelner Reiz-Reaktionsketten betrachtet. Im Gegensatz zu den Hoffnungen mancher atomistischer Ansätze in der Psychologie, kann eine umfassende Theorie der Psychologie *nicht* durch die Akkumulation von Einzelbefunden über einzelne Reiz-Reaktionszusammenhänge entstehen. Man wird zu keinen befriedigenden Ergebnissen kommen, wenn man die *Interaktionen* zwischen den Ketten nicht mitbetrachtet. Das Vorhandensein von Ganzheitlichkeit bedeutet, daß es notwendig ist, andere, Interaktionen mit in Betracht ziehende Formen der Analyse zu verwenden. Solche Formen der Analyse scheinen im Bereich der Kybernetik und der Systemtheorie zu entstehen; man betrachtet z. B. die Methoden zum sogenannten „black-box-Problem"[5] oder automatentheoretische Methoden[6].

5. Schlußbemerkung

Die in diesem Aufsatz behandelten Merkmale der Intransparenz, der Selbstreflexivität und der Ganzheitlichkeit stellen den Forscher im Bereich der Psychologie vor Probleme, die in anderen Wissenschaften nicht, oder nicht in dem Maße auftreten, wie in der Psychologie. Ich glaube aber nicht, daß diese Merkmale geeignet sind, um als Fundamente für eine Argumentation gegen die Einheit der Wissenschaften zu dienen.

---

[4] Siehe L. von Bertalanffy: General System Theory. New York 1969.

[5] G. Klir: An Approach to General Systems Theory. New York 1969.

[6] M. A. Aiserman, L. A. Gussew, L. A. Rosonoer et al.: Logik, Automaten, Algorithmen. München, Wien 1969.

Theologische Erwägungen
zum Thema Weltbild*

Von Ewald Link

I.

In dieser Ringvorlesung ging es zunächst um die Frage, wie sich die verschiedenen Wissenschaften über das, was wir Welt nennen, verständigen können. Nach dem Organisationsplan sollte die Philosophie in die Fragestellung einführen und die Theologie eine abschließende Deutung geben. Nicht in der Weise, daß so etwas wie ein Glaubensbekenntnis am Ende stehe, sondern daß alle Deutemöglichkeiten der Wirklichkeit ins Gespräch kämen.

Die Welt wird zunächst erblickt, erfahren und erlebt als ein Ganzes. Aber dieses Ganze ist ein Inbegriff von ungezählten einzelnen Dingen und Verhältnissen, die zusammen das ausmachen, was wir die Wirklichkeit nennen. Bei näherem Zusehen zeigt sich diese Wirklichkeit der Welt als ein funktionales Geschehen von einer verwirrenden Fülle, einer erstaunlichen Gesetzmäßigkeit, von einer bewunderungswürdigen Ursprünglichkeit und Schönheit. Dem prüfenden Blick bietet sie sich in unterschiedlichen und unterschiedenen Bereichen dar, dem rein materiellen, dem vegetativen, sensitiven und intellektiven, um in der herkömmlichen Gliederung zu sprechen. Dem forschenden Geist enthüllt sie sich in einem eigenartigen Aufbau dergestalt, daß das jeweils Niedere sich im Höheren wiederfindet, aber in einer neuen Weise. Der grundlegende Unterschied liegt zwischen dem Prävitalen, wie Teilhard *de Chardin* es nennt, und der Biosphäre, als deren Kriterium der Stoffwechsel angesehen wird. Was den Menschen im besonderen betrifft, so haben ihn die verschiedenen Wissenschaften unter je einem verschiedenen Formalobjekt zum Gegenstand ihrer Forschung gemacht mit je verschiedenen Methoden und sind zu erstaunlichen Erkenntnissen gelangt, die ihrerseits wieder in der Technik und Medizin Anwendung gefunden haben.

---

* Professor Alfred Schüler zum achtzigsten Geburtstag.

Man denke nur an den „Herzschrittmacher" und ähnliche Errungenschaften, wie sie besonders bei der Raumfahrt verwandt werden.

Die Gefahr bestand und ist auch wirklich geworden, daß man den Blick ausschließlich auf die so gewonnenen Daten gerichtet hat, daß eine Art Verengung und Verkürzung des Bezugs zur Wirklichkeit eingetreten ist. Aus der notwendigen Blick-Verschränkung auf das in der Methode zu untersuchende Objekt ist dann eine Blick-Verengung im Verhältnis zur Wirklichkeit entstanden.

Redlicherweise muß sich der Geist offenhalten für solche Fragen, die sich aus der Wirklichkeit ergeben, die aber nicht von den positiven Wissenschaften beantwortet werden können, weil sie nur als Deutung, als Entscheidung, als Glaube gewonnen werden können. Gerade weil sie die Wirklichkeit deuten, sind sie von entscheidender Bedeutung für das Verständnis der Wirklichkeit, nicht zuletzt für das menschliche Selbstverständnis.

Von den für die Ringvorlesung vorgeschlagenen Themen interessieren den Theologen vor allem die Frage nach dem Weltbild, nach den telos der Natur und der theonomen Deutung der kosmischen Evolution. Dabei sind die positiven Wissenschaften nur mittelbar seine Gesprächspartner. Zwischen ihnen und der Theologie spielt die Philosophie die Rolle der Vermittlerin. Denn die gesicherten Ergebnisse der positiven Wissenschaften kann vernünftigerweise niemand bestreiten. Jedenfalls kann die Theologie nicht über deren Richtigkeit oder Unrichtigkeit urteilen. Das ist ein quaestio facti, eine Tatsachenfrage. Die Aufgabe der Wissenschaften besteht darin, solche Sachverhalte zu erklären, wie sie sich in der Welt und Wirklichkeit zeigen. Dafür hat sie ihre bestimmten Methoden entwickelt, nach denen sie die Wirklichkeit befragt. Durch das Experiment zwingt sie sozusagen die Natur, ihre Gesetzmäßigkeit und ihr Funktionieren herauszugeben. Die Ergebnisse sind, wie bekannt, von einer solchen Fülle, daß nur noch Spezialisten in den einzelnen Bereichen Bescheid wissen. Das grundlegende Ergebnis ist wohl die Feststellung einer bewunderungswürdigen Gesetzmäßigkeit, die sich durch alle Bereiche der Wirklichkeit auswirkt, so daß unmittelbar der Eindruck aufkommen kann, nur ein Intellekt, ein denkendes Wesen habe sie in die Natur hineingelegt.

Hier setzt nun die Philosophie an und ein. Die positiven Wissenschaften erklären, wie sich die Wirklichkeit, die Natur verhält in ihren verschiedenen Dimensionen. Aber sie können nicht sagen, warum sie sich so verhält. Zudem sieht sie die Wirklichkeit jeweils nur unter einem bestimmten Gesichtspunkt und in einem begrenzten Ausschnitt. Wie aber verhält es sich mit dem Ganzen, der Einheit dessen, was wir Natur nennen? Was ist das Ganze, das wir Welt nennen? Offenbar wird das Wort in sehr verschiedenen Kontexten verwandt, also analog gebraucht. Für unseren Zusammenhang mag genügen, Welt zu verstehen als Inbegriff aller Wirklichkeit, aller Bezüge, denen der Mensch eingefügt ist, alles dessen, was ihm als Objekt in seiner Subjektstellung und -haltung gegenübertritt.

Was ist dann ein Weltbild? Wie der Sprachgebrauch zeigt, kommt auch das Wort Bild in sehr verschiedenen Zusammenhängen vor. So hat jemand ein Traum-Wunsch- oder Schreckbild. Wenn wir Einblick in eine Sache gewonnen haben, sind wir im Bild, können wir uns ein Bild machen, uns nach diesem Bild, das richtig oder falsch sein kann, richten. Wer ein Bild von einer Sache hat, hat so etwas wie eine Idee, eine Vorstellung von ihr. Weltbild meint also zunächst das Bild, das sich einer von der Welt macht. Dahinter steht die Erfahrung, daß der erste Zugang zur Wirklichkeit das Sehen ist. Die Welt zeigt sich uns, bringt sich uns sozusagen entgegen. Wir erblicken und erfahren sie, werden so ins Bild gesetzt und setzen uns ins Bild. Dabei spielen Sehweise und Sichtweite, der Horizont, eine entscheidende Rolle. Die eine Wirklichkeit wird offenbar mit verschiedenen Augen angeblickt und demnach auch erblickt. So kommt es zu den verschiedenen Weltbildern, wie sie jeweils wieder in verschiedenen Sprachen abgebildet, dargestellt oder ausgedrückt werden. Weltbild und Sprache sind dann die beiden Seiten des einen Wahrnehmens der einen Wirklichkeit.

Der menschliche Geist bleibt nicht dabei stehen, die Welt naiv hinzunehmen. Er dringt in sie ein, erschließt, erforscht, entbirgt das in ihr und an ihr Verborgene. Dies ist vor allem die Weise geworden, in der der neuzeitliche Mensch die Natur erblickt, erfahren und erlebt hat. Sie hat dazu geführt, daß das fast zweitausend Jahre gültige geozentrische Weltbild verdrängt und durch das heliozentrische ersetzt worden ist. Das alte Weltbild war nach dem Augenschein entworfen und der menschlichen Erfahrung unmittelbar zugänglich. Man fand sich sicher darin zurecht. Das ist im Grunde wohl auch heute noch so. Über den geschichtlichen Hergang des Wandels im Weltbild brauchen wir hier nicht viel Worte zu verlieren, wohl aber müssen wir die anthropologischen Folgen kurz bedenken. Das antike Weltbild, mit dem Namen Ptolomäus unvergeßlich verbunden, wie es Cicero so anschaulich im Somnium Scipionis geschildert hat, war ein Kosmos, ein Ordnungsgefüge mit Harmonia und Symphonia, ein begrenzter, aber gestalteter Raum, wie er dem antiken Lebensgefühl entsprach. Damit verband sich der Begriff des ordo als recta dispositio plurimorum, der pax als tranquilitas ordinis und der Schönheit als splendor ordinis.

Das sind gewiß Deutungen, wie sie zum großen Teil erst von Augustinus geprägt worden sind. Aber er war ja ein antiker Mensch und hat das antike Lebensgefühl vielleicht am mächtigsten zur Sprache gebracht, das ausgedrückt, was seine Zeitgenossen und Vorfahren empfunden und gedacht haben. Das christliche Mittelalter hat das antike Weltbild als Rahmen übernommen und, vertieft durch den Schöpfungsglauben, zum Raum der Heilsgeschichte erweitert. Seine klassische Darstellung hat es in *Dantes* Divina Comedia gefunden. In diesem großartigen Ordnungsgefüge hatte jedes und alles seinen unvertauschbaren Platz. Oben und Unten, Innen und Außen waren nicht nur räumliche, sondern auch religiöse und theologische Kategorien. Dieses Weltbild war die andere Seite des Gottes- und Menschenbildes. Es schien mit dem christlichen Glauben, vor allem an das Schöpfungswerk Gottes, unlösbar verbunden. So mußte ein Angriff auf dieses Weltbild zugleich als Angriff auf den christlichen Glauben empfunden werden.

Sehen wir einmal von den Menschlichkeiten, die diese im Ansatz so großartige Zeit verdunkeln und die sich bis in unsere Zeit in der tiefen Entfremdung zwischen Naturwissenschaften und Theologie ausgewirkt haben, ab, so schält sich als grundlegendes Problem in voller Schärfe die Frage heraus, wie verhalten sich die Erkenntnisse der Wissenschaften zu den Aussagen der christlichen Botschaft, kurz Vernunft und Glaube, Natur und Gnade zueinander? Von Anfang an und im Laufe der Entwicklung war es nicht so, daß die Naturwissenschaftler notwendig ungläubig waren oder daß in kirchlichen Kreisen die Richtigkeit naturwissenschaftlicher Erkenntnisse von allen bestritten wurde. Es ist bekannt, daß auf beiden Seiten hervorragende Vertreter unter einer intellektuellen Not gelitten haben. Um was es hier im tiefsten ging, hat Sigmund *Freud* als Trauma bezeichnet, das sich die Menschheit selber zugefügt habe. Nach ihm ist es verbunden mit dem Namen *Kopernikus* wie die beiden folgenden mit dem Namen *Darwin* und seinem eigenen, *Freud*, verbunden sind. Offenbar geht es hier nicht nur darum, was sich einer für ein Bild von der Welt macht. Davon wird das menschliche Selbstverständnis betroffen, das seinerseits nicht ohne Gottesverständnis begründet werden kann. Wir werden später auf diese Frage zurückkommen. Hier soll in kürze der geschichtliche Überblick fortgeführt werden.

Seit Beginn unseres Jahrhunderts wird Weltbild vielfach mit Weltanschauung fast synonym gebraucht. So ist für *Dilthey* Weltbild der Inhalt der Weltanschauung, über der sich eine „Lebenswürdigkeit" und ein „Weltverständnis", schließlich ein „oberstes Bewußtsein", ein „umfassender Lebensplan" und eine „oberste Norm des Handelns" erheben. In der Theologie hat Weltbild noch einmal eine Rolle gespielt, als *Bultmann* seit etwa 1940 mit seiner Entmythologisierungstheorie begann. Nach seiner Meinung ist das biblische Weltbild mythologisch. Darin wird das Unweltliche und Göttliche als Weltliches und Menschliches gedacht, wird Gottes Jenseitigkeit als räumliche Entfernung dargestellt. Das neuzeitliche Denken ist dagegen unwiderruflich durch die Wissenschaft geprägt. Daher muß die Heilsbotschaft des Evangeliums radikal entmythologisiert werden.

Der Überblick mag genügen. Er zeigt hinreichend, daß die Frage nach dem Weltbild eine Fülle von wissenschaftlichen, anthropologischen, philosophischen und theologischen Implikationen aufweist. Unsere Zeit kennt kein allgemein verbindliches Weltbild mehr. Dem Pluralismus der Philosophien entspricht ein solcher auch der Weltbilder. Das allen Gemeinsame, das Formale, in dem sie also alle übereinstimmen, besteht darin, daß sie je ein System von Aussagen über die Wirklichkeit der Welt darstellen. Darin wird alles unmittelbar Gegebene eingeordnet, alles Begegnende hat darin seinen Ort. Sie unterscheiden sich durch den Ansatz und durch den Aufbau. Jedes Weltbild ist Ganzheitsschau, aber von je verschiedenem Standpunkt und unter je verschiedenem Formalobjekt. In diesem Sinne kann man wohl, wenn auch analog, vom physikalischen, biologischen oder einem soziologischen Weltbild sprechen. Freilich muß beachtet werden, daß es sich dabei um eine bestimmte Sicht einer bestimmten Schicht der Wirklichkeit handelt.

Die Wirklichkeit, so wie sie sich uns zeigt, weist auch Dimensionen auf, die nicht unmittelbar von praktischem Nutzen sind, dafür aber eine höchste Bedeutung für das menschliche Selbstverständnis besitzen. Diese Dimensionen haben die Menschen von alters her veranlaßt, auch das „Göttliche" als eine Eigenschaft der Wirklichkeit anzunehmen. Im griechischen Lebensgefühl scheint das Neutrum theion älter zu sein als das personale Wort theos. Wenn auch im Lauf der geistigen Entwicklung, des Zu-sich-selber-Kommens, der Aufklärung der Menschen das mythisch-theologische und das philosophische Stadium, die beide solange das Denken bestimmt haben, durch das positive der Wissenschaften abgelöst worden sind, so bleibt doch die Frage, was an der Wirklichkeit den Grund dafür biete, daß so etwas wie die theologische Deutung überhaupt möglich war. Ist es unerlaubt, diese religiöse und ästhetische Schau der Wirklichkeit als eine Art von urmenschlichem Protest gegen die „reine Faktizität" des Daseins anzusehen?

Der tiefste Grund liegt wohl in der Tatsache, daß es die „reine" Wirklichkeit nicht gibt und nicht geben kann. Objekt ist logischerweise immer bezogen auf das entsprechende Subjekt, kann darum immer nur subjektiv gesehen werden. Auch das neutral und völlig objektiv geplante Experiment ist und bleibt mitbestimmt und abhängig von dem Standpunkt, den der Wissenschaftler wählt und einnimmt. Sehen, Wahrnehmen, Feststellen, Urteilen sind stets subjektive Tätigkeiten. So bleibt das Ergebnis wenigstens perspektivisch, ist jedenfalls nicht rein objektiv. Und doch muß man zugeben, daß die positiven Wissenschaften den Geisteswissenschaften, vor allem der Philosophie und der Theologie gegenüber, etwas Wesentliches voraushaben. Bei aller „Subjektivität" des Ansatzes und der Sicht bleibt doch die „Objektivität" der Gesetzmäßigkeiten, nach der sich der beobachtete Prozeß vollzieht. Er kann an sich von jedermann nachvollzogen, verifiziert oder falsifiziert werden. In diesen Wissenschaften ist von der Sache her ein Pluralismus ausgeschlossen, obwohl auch dort verschiedene Vorgänge verschieden gedeutet werden können. Aber aufs ganze gesehen ist die grundlegende Objektivität einfach nicht zu bestreiten. Wie wäre sonst auch ein Leben der Gesellschaft möglich, das auf wissenschaftlichen Grundlagen aufbaut und danach sich verhält?

Im Gespräch der Wissenschaften miteinander hat also jede ihren spezifischen Beitrag zur Erfassung, Erforschung und Erhellung der Wirklichkeit einzubringen. Dabei darf den positiven Wissenschaften aufgrund ihrer unmittelbaren Beziehung zur konkreten Wirklichkeit der Vorrang eingeräumt werden. Primum vivere deinde philosophari, diese alte Devise kann ruhig in Geltung bleiben. Doch kann von dem Verstehenshorizont, innerhalb dessen dies alles sich vollzieht, nicht abgesehen werden. Zur Wirklichkeit gehört nicht nur das konkret Faktische, sondern auch der Horizont, in dem sie erblickt, erfahren und erlebt wird.

Mit diesem Horizont hat es zunächst die Philosophie zu tun. Wenn auch eine bestimmte Metaphysik der Vergangenheit angehört, so bleibt dennoch das Gültige daran bestehen, das „dahinter-gehen" in die „Hintergründe", das „Sichten des Horizontes", in dem sie nicht nur gesehen werden, sondern auch stehen. Was macht dieses „mehr als" das bloß Faktische bei den Dingen, bei dem Ganzen der Wirklichkeit, vor allem beim Menschen selber aus? Die Größe und Würde der Philosophie besteht darin, daß sie den Versuch des Menschen darstellt, sich über sich selber, seine Welt, sein Woher und Wohin in methodischer Reflexion klarzuwerden. Das gehört so sehr zum Menschen, daß er aufhören würde, Mensch zu sein, wollte er auf dieses philosophische Fragen verzichten. Selbst wo einer den Versuch aufgibt, vertritt er dennoch eine philosophische Deutung, wenn auch in defizienter Form. Auch das Eingeständnis, es gibt keine Deutung, sagt einschlußweise, es sollte eine geben, sonst könnte er das sinnvoll nicht bestreiten.

Das heutige Denken ist weithin positivistisch. Es beschränkt sich auf das Faktische und hält ein Sprechen über das, was darüber hinausgeht, für unergiebig, wenn nicht für sinnlos. Das ist freilich keine wissenschaftliche Aussage, sondern eine nicht zu beweisende Behauptung. Sie läßt sich jedenfalls nicht verifizieren. Dem fragenden und denkenden Menschen genügt es nicht zu wissen, daß die Wirklichkeit so aufgebaut ist und so funktioniert. Er möchte auch wissen, warum das so ist. Es gibt keinen vernünftigen Grund, diese Frage nicht zu stellen. Im Gegenteil, er wüßte im Grund das Entscheidende nicht, wenn er nicht wüßte, warum das so und nicht anders ist. Die Frage, die sich da dem Menschen aufdrängt, die ihn mehr oder weniger beschäftigt, läuft im letzten auf die grundlegende Frage hinaus, warum ist etwas und nicht nichts, noch konkreter, warum bin ich und nicht nicht? Selbst wenn er sie leugnet, kann er es nur tun, indem er sie einschlußweise behauptet.

Dagegen wird eingewendet, es gäbe darauf keine Antwort und könne auch keine geben. Die Pluralität der Philosophien und Weltanschauungen zeige durch die Vielfalt ihrer Antworten, die sich oft widersprechen und gegenseitig ausschließen, die oft unverständlich und nur in einem bestimmten Horizont anzunehmen seien, daß von der Philosophie keine befriedigende Antwort zu erwarten sei. Diese Einwände sind in der Tat sehr beachtlich und dürfen nicht leicht übergangen werden. Es stellt sich im Ernst die Frage, ist das Dasein oder die Wirklichkeit oder die Welt derart, daß keine überzeugende Antwort auf die Frage nach dem Woher und Wohin zu finden ist. Man kann an dieser Frage ehrlich leiden, und viele Philosophen und auch Theologen tragen schwer an den Aporien, den Ausweglosigkeiten auf dem Weg des Denkens. Und doch kommt der fragende Geist nicht zur Ruhe. So intellektuell redlich und vornehm auf den ersten Blick ein Skeptizismus auch erscheinen mag, diese Frage drängt sich immer wieder auf. Gibt es keine befriedigende Antwort? Ganz gewiß nicht in der Weise, daß man sie offen vor die Augen bringen, sozusagen auf den Tisch legen kann. Aber doch so, daß man auf überzeugende Gründe hin sich seine Überzeugung bilden, sich für oder gegen eine Meinung entscheiden, im letzten also glauben kann.

Schließlich ist auch die Behauptung, nur das rein Faktische sei, ein Glaube. Zwar kann man ohne Bedenken zustimmen, an einer Tatsache kann man nur feststellen, daß sie tatsächlich ist. Die Welt ist, die Dinge sind, die Menschen sind. Die getreueste Wiedergabe wäre das Foto. Das ist gewiß ein Modell, unter dem man sich die Wirklichkeit vorstellen kann. Man kann sich damit zufrieden geben. Aber einschlußweise sagt man, daß man sich damit nicht zufrieden geben muß, daß man auch weiter fragen und hinterfragen kann. Ich muß nicht notwendig die Frage nach dem Woher und Wohin übersehen und übergehen. Dem Fragen oder Nichtfragen, dem Zufrieden- oder Nichtzufriedensein liegt demnach eine Entscheidung voraus und zugrunde. Nach welchen Kriterien wird sie gefällt? Offenbar nicht von der Sache her, denn diese läßt von sich aus beide Möglichkeiten offen. Dann bleibt nur übrig, daß diese Entscheidung vom Subjekt her getroffen und vollzogen worden ist. Dieses will im letzten die Wirklichkeit so und nicht anders sehen. Die Sicht des Subjekts bestimmt die Ansicht der Wirklichkeit. Man kann sich das anstehende Problem mit Hilfe einer mathematischen Klammer klar machen. Die Fülle der Wirklichkeit, die Welt, steht innerhalb der Klammern. Diese bezeichnen Anfang und Ende, Geburt und Tod. Welches Vorzeichen vor die Klammer gehört, läßt sich aus dem Inhalt nicht beweisen. Ob aber plus oder minus oder gar nichts vor die Klammer gehört, entscheidet indessen maßgeblich über die Bedeutung des Inhaltes. In jedem Fall wird sie eine andere sein. Wenn nun aus der Klammer nicht entschieden werden kann, welches Zeichen davor gehört, woher dann? Die Frage ist nicht nur von theoretischer, sondern von eminent existentieller Bedeutung. Aber beweisen läßt sich da nichts.

Was tut man in einem Fall, in dem man zu einem Urteil kommen muß, obwohl eindeutige Beweise nicht zu erbringen sind? Trotz der unverzichtbaren materiellen Dimension spielt sich das eigentlich menschliche Leben nicht darin, sondern im Zusammenleben der Menschen ab, also im personalen Bereich. Das Verhältnis vom Ich und Du wird bestimmt durch Wort und Antwort, Trauen und Vertrauen, Hingabe und Annahme, Lieben und Geliebtwerden. Was läßt sich in diesen Bereichen beweisen? Als Modell für unsere Lage kann der Richter dienen. Er ist in der schwierigen Lage, daß er ein Urteil fällen muß über einen Sachverhalt, in den er keinen unmittelbaren Einblick hat. Dieses Urteil entscheidet über Schuld und Unschuld, Tod und Leben eines Menschen. Er hat nun das zu tun, was das überstrapazierte Wort krinein ursprünglich meint, er muß kritisch vorgehen, um ein begründetes Urteil zu finden und zu fällen. Dabei ist an die ebenso ursprüngliche Kategorie des Ethischen gedacht. Das Urteil muß gerecht sein. Wieviel hängt dabei von der intellektuellen Redlichkeit ab, die sich nichts vormacht und nichts vormachen läßt, von der Unbestechlichkeit, die nicht nach persönlichem Nutzen oder Schaden fragt, nicht nach Meinungen, Wünschen und Opportunität. Hier wird eine „Objektivität" gefordert, die einen Verzicht auf „Subjektivität" darstellt. Wie geht ein Richter nun konkret vor? Negativ wäre es unkritisch und unsachlich, wollte er von vornherein ohne Prüfung schon entscheiden, dieses oder jenes kommt einfach nicht infrage. Das wäre eine subjektive Vorentscheidung. Genauso wenig darf er ungeprüft sagen, so oder so verhält sich die Sache. Positiv sucht er nach Aussagen, die zur betreffenden Frage schon vorliegen oder gemacht werden können, sei es von Zeugen oder Autoritäten, die sich damit befaßt haben. Diese werden sich in verschiedenen Punkten decken, in anderen dagegen widersprechen. Die Aufgabe des Richters besteht darin, die Aussagen der Zeugen auf ihre Glaubwürdigkeit zu prüfen, sie gegeneinander abzuwägen und zu bedenken. Aus den verschiedenen Zeugnissen wird er sich zu seiner Überzeugung durchringen, sein Urteil bilden und fällen. Er ist sich dabei bewußt, daß er sein Urteil ändern müßte, sollten sich schwerwiegende Gegengründe vorbringen lassen. Er ist sich darüber im klaren, daß sein Urteil eine Entscheidung, ein Wagnis ist. Er ist zur Zeit jedenfalls überzeugt, nach Maßgabe der Gründe für und wider, daß sein Urteil so richtig ist. Er glaubt, sich richtig entschieden zu haben. Er muß sein Urteil vor sich und anderen verantworten können, Rechenschaft geben, warum er so und nicht anders entschieden hat.

Dieses Bild ist ein Analogon für die Aufgabe, der sich die Philosophie heute gegenübersieht. Wir stehen am Ende einer Denkgeschichte, die sich über mehr als zweieinhalb Jahrtausend erstreckt. Aber wir stehen dieser Überlieferung und Erbschaft nicht neutral gegenüber, sondern mitten in ihr. Wir sind nur so, wie wir sind, weil wir durch diese Denkgeschichte geprägt sind. Auch wenn wir uns von ihr distanzieren, geschieht auch dieses noch im Gegenüber zu unserer Herkunft. Philosophie ist nach einem Wort *Hegels* eine Zeit in Gedanken gefaßt. Wir sind heute die Erben aller Gedanken, die sich die Menschen verschiedener Zeiten über sich selbst gemacht haben. Eine unübersehbare Fülle von philosophischen

Gedankengebäuden und Systemen liegen vor. Alle nur möglichen Denkansätze sind versucht worden, die widersprechendsten Antworten sind gegeben worden. Darf die Philosophie angesichts dieser Tatsache resignieren? Soll sie sich nicht an *Wittgensteins* Mahnung halten, worüber man nicht sprechen kann, soll man schweigen? Aber die Philosophie ist immer gegenwärtig, auch in defizienten Formen. Ihre Aufgabe heute ist eine sehr mühsame, aber doch eine unerläßliche. Sie besteht nicht darin, neue Systeme zu entwerfen, sondern nach Art des Richters die verschiedenen Deutesysteme auf das Gültige zu prüfen, dieses in die heutige Daseinsdeutung einzubringen. Dabei spielen die positiven Wissenschaften eine unersetzbare Rolle, nicht nur ihrer Ergebnisse, sondern fast noch mehr ihrer Methode wegen. Sie haben die Bedeutung des kritischen und rationalen Denkens fast bis zur Perfektion ausgebildet. Darin besteht ihre Größe, aber auch ihre Grenze.

II.

Der Beitrag der Theologie zu diesem Gespräch beginnt mit einer kritischen Frage über die Philosophie an die Naturwissenschaften. Diese haben die Erkenntnis gewonnen, daß Gott in der Welt, die ihrem Forschen und ihren Methoden zugänglich ist, nicht vorkommt. Je tiefer sie eindrangen in die Geheimnisse der Welt und je intensiver sie ihre letzten Bauelemente und Grundgesetze zu erforschen suchten, um so deutlicher wurde die Erfahrung, daß man immer nur auf die Welt stößt. Man kann das Ergebnis mit der These Romano *Guardinis* zusammenfassen, ohne ihm in jeder Hinsicht zuzustimmen, für das neuzeitliche Bewußtsein sind Natur, Subjekt und Kultur die letzten, autonomen Wirklichkeiten geworden. *Guardini* macht diesem Bewußtsein den Vorwurf der Unredlichkeit und des Selbstbetruges. Vom Standpunkt der Naturwissenschaften wird man dieses Urteil nicht teilen. Sie können entsprechend ihrem Formalobjekt und ihren Methoden gar nicht mehr sagen, ohne ihre Grenzen zu überschreiten. Eine andere Frage ist es freilich, ob aus diesen großartigen Erkenntnissen nicht auch Be-kenntnisse entstanden sind, die das Bewußtsein und Lebensgefühl maßgeblich geprägt haben. Es hieße nämlich auch die Grenzen überschreiten, wenn die Wissenschaften sagen würden, mehr als Natur, Subjekt und Kultur gebe es nicht. Für dieses „mehr als" ist sie nicht mehr zuständig.

Die gültige Erkenntnis, die wir der Naturwissenschaft verdanken, besteht darin, daß sie auch für Philosophie und Theologie deutlich gemacht hat, daß die Welt nicht Gott ist, daß Gott in der Welt nicht vorkommt, daß sie die Welt radikal entgöttlicht hat. Wenn Gott darin nicht vorkommt, ist dann aber der Schluß gerechtfertigt, er komme überhaupt nicht vor, es gebe ihn nicht? Die Welt habe mit ihm überhaupt nichts zu tun? Gott ist natürlich kein Demiurg, kein Weltbaumeister, der sein Werk den Menschen schlüsselfertig übergeben hat und sich nun in seine selige Einsamkeit und Abgeschiedenheit zurückgezogen hat. Er ist auch nicht, wie möglicherweise auch bei den Gottesbeweisen unreflektiert angenommen worden zu sein scheint, die Nummer eins in der Kette der Ursachen, die alles angestoßen habe, das nun einfach weiterliefe.

Gott ist anders, so radikal anders, daß das Wort „ist" in den Sätzen Gott ist, und der Mensch ist, in einem radikal analogen Sinn, etwas wesentlich Anderes meint. Der Mensch hat, wie die Erfahrung zeigt, ein sehr fragwürdiges, endliches, verfügbares Sein, das von allen Seiten vom Nichts umgeben ist. Auch diese Sprechweise ist schon wieder analog, wie wir überhaupt nur in Analogie sprechen können. Gott dagegen ist sein Sein. Er ist jenes Übermaß von Sein, das wir mit dem Wort Geheimnis bezeichnen, unbegreiflich, unergründlich, unfaßbar, unsagbar. Wie schon bemerkt, ist das ein hervorragendes Ergebnis der langen Auseinandersetzungen zwischen Theologie und Naturwissenschaften, daß die Größe der Welt, aber auch die Erhabenheit Gottes deutlich und klar herausgestellt worden ist. Man macht die Welt nicht größer, wenn man Gott ausschließt oder ihn gar leugnet. Umgekehrt trägt es nichts bei zur Erhabenheit Gottes, wenn die Welt oder der Mensch herabgesetzt werden.

Die bekannte Wendung von *Laplace*, er komme ohne die Hypothese Gott aus, stimmt gewiß für seinen wissenschaftlichen Bereich — da kann man, muß man unter Umständen, methodisch Atheist sein. Wenn man dagegen dem Wort Hypothese seinen ursprünglichen Sinn als darunterstehende und tragende These läßt, dann kann Gott in Wahrheit im tiefsten und realsten Sinn die Hypothese sein, der tragende Sinn- und Seins-Grund von allem. Jedenfalls, auch wenn Gott in der Welt nicht vorkommt, dann bedeutet das noch nicht, daß sie ohne Gott sein und erklärt werden kann.

Die Antwort der Theologie, die von der Philosophie nachvollzogen, im Grunde sogar erkannt werden könnte, lautet, Gott als die Erstursache wirkt in der Welt nur durch Zweitursachen. Causae secundae sind die kategorialen Ursachen, wie sie in der konkreten Erfahrung wahrgenommen oder erschlossen werden aus ihren Wirkungen. Nun ist es klar, daß diese Ursachen, wenn sie wirken, auch eine entsprechende Wirkung hervorbringen. Darauf ruht ja das Kausalgesetz und weithin die wissenschaftliche Erkenntnis. Daß aber diese Ursachen überhaupt sind und wirken können, das ist nicht selbstverständlich und nicht notwendig. Dafür muß es eine Ursache geben, die nicht von derselben Seinsqualität ist. Dieses ist — sehr analog gesagt — die „Wirkung" der causa prima. Im Gegensatz zu den kategorialen heißt sie transzendentale Ursache. Sie kann, wie gesagt, nicht bewiesen werden, kommt auch im Bereich der kategorialen Ursachen nicht vor — so wenig wie Gott — kann also leicht übersehen und übergangen und geleugnet werden. Wenn man aber ohne bestimmtes Vor-verständnis, Vor-urteil und ohne Vorbedingung an die Wirklichkeit herantritt, drängt sich die Frage auf, warum wirken die kategorialen Ursachen und nicht nicht? Im Grunde läuft das auf die unbestreitbare Frage hinaus, warum ist etwas und nicht nichts? Die Antwort, die Philosophie und Theologie nahelegen mit causa prima, die wir Gott nennen, scheint jedenfalls nicht weniger plausibel und sinnvoll zu sein als jede andere, die möglich ist. Formal sind sie übrigens alle gleich, keine kann bewiesen werden. Das gilt aber auch vom Gegenteil. Als sinnvolle Möglichkeit bleibt nur übrig, sich ein Urteil zu bilden, das sich auf Gründe stützt, die aus der Erfahrung genommen werden müssen. Auch wer sich eines Urteils enthalten will, fällt wenigstens einschlußweise das Urteil, er könne kein anderes finden, die Sache sei eben so. Wenn wir aber an das oben vom Modell des Richters Bemerkte erinnern, dann hängt von diesem Urteil nicht nur die Frage nach Gott ab, sondern es geht auch um das eigene Selbstverständnis. Dieses ist sozusagen die andere Seite des Gottesverständnisses. Gott ist ja nicht eine rein theoretische Größe, sondern jenes absolute Geheimnis, dem ich mein Dasein verdanke. Im Blick auf ihn kann ich mein Dasein so deuten, er läßt mich sein, hat mich ins Dasein gerufen, will, daß ich bin, sagt ja zu mir, für ihn bin ich ein Du, kurz: er liebt mich. Dafür finde ich Analoga in der konkreten Erfahrung. Jedenfalls mehr als für den anonymen Satz, „ins Dasein geworfen"! Freilich haben die Namen, mit denen oft die Philosophie und in gewissem Sinn auch die Theologie Gott benannt haben, wie ens a se, summum bonum, das absolute Sein u. ä. den Eindruck erwecken können, es handele sich um ein Eshaftes.

Das Wort, in dem die Theologie das Verhältnis zwischen Gott und Mensch und damit zur ganzen Welt zur Sprache bringt, heißt Schöpfung. Es ist die radikalste, fundamentalste und realste Aussage über Gott und den Menschen zugleich. Freilich muß dieser Begriff in seinem reinen und wahren Sinn verstanden werden. Er ist sozusagen mit einem ideologischen

Überbau verdeckt und verstellt gewesen. Seit Anfang des Christentums wurde der biblische Schöpfungsbericht wörtlich und historisch verstanden, und dies nicht bloß in der Verkündigung, sondern auch in dem profanen Verständnis der Wirklichkeit. Er hat das gesamte Bewußtsein bestimmt. Wie bekannt, haben sich die Kontroversen zwischen Naturwissenschaften und Theologie gerade an diesem Verständnis entzündet. Aber ähnlich wie bei der Gottesfrage hat die lange Auseinandersetzung zu einer Klärung geführt, die das Gültige auf beiden Seiten bestätigt und annimmt. Seitdem das genus literarium der Schöpfungsberichte erkannt, die rein religiöse Aussageabsicht, wenn auch im Gewand einer Geschichte, als Ätiologie dafür, daß es Israel gibt, in den Blick genommen ist, ist klar geworden, daß die Ergebnisse der Wissenschaft in keiner Weise damit in Widerspruch geraten können. Der Grundgedanke des biblischen Schöpfungsberichtes läßt sich, aufs ganze gesehen, in dem Satz von Karl *Barth* zusammenfassen, „die Schöpfung ist der äußere Grund des Bundes, der Bund der innere Grund der Schöpfung". Die Schrift versteht also die Schöpfung als Rahmen und Raum, in dem sich die Heilsgeschichte abspielt. Es ist die Welt des Menschen und für den Menschen, nach dem Neuen Testament die Welt des Gottmenschen, der ihr Haupt und ihr Inbegriff ist. Neben der Protologie, der Lehre also von der Herkunft, spricht sie auch deutlich von der Eschatologie, von den letzten Dingen der Welt, von einem neuen Himmel und einer neuen Erde, die im Zustand der Verklärung der Raum sein wird, in dem Gottes Herrlichkeit und der erlösten Menschheit Seligkeit sich widerspiegeln, in der Gott alles in allem sein wird. Die Lehre von der Schöpfung ist also ein eminent theologisches Thema. Der Schöpfungsglaube ist nicht nur etwas Thematisches, sondern die Grundstruktur des theologischen Denkens überhaupt. Nach *Bloch* hat sich diese Denkstruktur noch bis in das Denken *Hegels* ausgewirkt. *Bloch* bemerkt in seiner Tübinger Einleitung in die Philosophie, Thomas *von Aquin* habe seine Summa contra gentiles nach dem Pauluswort, von Gott, durch Gott auf Gott hin sind alle Dinge, entworfen. In seiner Ontologie behandle er demnach, was Gott an ihm selbst zukomme, an zweiter Stelle stehe der Ausgang der Kreatur aus ihm, in der Kosmologie, endlich die Rückkehr derselben zu Gott in der Soteriologie. Dem fügt *Bloch* hinzu: „die Folge: Ontologie-Kosmologie-Soteriologie (ist) entscheidend noch in *Hegels* Ansich-Außersich-Fürsich des Geistes erkennbar." (I, 74)

Die Schwierigkeit, den Begriff Schöpfung rein zu denken, entsteht zunächst daraus, daß sein biblischer Ursprung den Eindruck eines Ereignisses nahe legt. Das hängt mit dem geschichtlichen Denken und Fragen der Schrift zusammen. Im Gegensatz zum griechischen Denken, das nach der „Arche" fragt, sieht das hebräische Denken die Wirklichkeit unter dem Gesichtspunkt, was geschah. Wie oben schon dargetan, kann Schöpfung für unser kausales und metaphysisches Denken kein Ereignis sein im Sinne von Verursachung, sondern sie ist wesentlich eine Seinsqualität, eine Grundeigenschaft alles Seienden. Die tiefste Schwierigkeit dürfte aus der Verlegenheit ent-springen, daß wir diesen Begriff analog zum menschlichen Schaffen gewinnen müssen. Das dieser Analogie am meisten entsprechende Bild wäre dann aber der Demiurg und Schöpfung wäre eine Art Werden. Zum Werden gehört aber notwendig ein terminus a quo, ein Ausgangspunkt oder -zustand. Schöpfung wäre dann eine Veränderung in Form von Nacheinander, ein Übergang vom Nichts zum Sein. Dabei wäre neben dem Ausgangs- und Zielpunkt auch ein Träger der Veränderung mitgedacht, der vom Noch nicht zum Sein gelangt, wie etwa von kalt zu warm oder unwissend zu wissend. Im letzten dreht sich die Frage um das Nichts, aus dem nach der Definition von Schöpfung die Welt hervorgebracht worden ist. Ein solches Nichts kommt in unserer Erfahrung nicht vor. Nichts ist relativ zu etwas. In dem Satz, ich sehe oder höre nichts, meint nichts das Gegenteil, den Ausschluß, von etwas Bestimmten. Das kann durchaus etwas sehr Wirkliches sein. Die Privation ist ein schmerzliches Leiden, z. B. blind oder taub sein, oder: ich habe nichts zu essen.

Das Nichts, durch das das Sein ausgeschlossen wird, können wir uns nur vorstellen nach der Weise des Seins, im Grunde also überhaupt nicht wirklich denken. Auch den Begriff „hervorbringen" können wir nur analog denken. Das Sein hervorbringen läßt sich nicht mit kategorialem Verursachen deuten, sondern ist ein transzendentaler Begriff. Damit ist gemeint, was oben als Wirkung der causa prima bezeichnet wurde. Wir können es umschreiben mit Bildern wie ins Dasein rufen, das Dasein geben, sein lassen. Dann kann aber Schöpfung kein Ereignis sein, sondern dann ist sie in ihrem Wesen eine Beziehung der Abhängigkeit des verliehenen oder geschenkten Sein von dem absoluten Sein, das wir Gott nennen. Dies gilt nicht nur für den Anfang, dann wäre Schöpfung doch ein Ereignis, sondern für das gesamte Sein, insofern es eben nie anders als kontingentes, verliehenes Sein ist.

Hier stoßen wir offensichtlich an die Grenzen des Aussagbaren. Aber diese Aussagen sind unerläßlich für das tiefe und wahre Verständnis der Wirklichkeit, vor allem für unser eigenes Selbstverständnis. Wenn irgendwo, dann gilt gerade hier, parvus error in principio magnus erit in fine.

Wenn Schöpfung kein Ereignis und keine Veränderung ist, was ist sie dann? Im aktiven und passiven Sinn ist sie das Sein der Welt selbst. Aktiv in dem Sinn, daß Gott ihr Sein „hervorbringt", es begründet und trägt, passiv in dem Sinn, daß Welt wesentlich von Gott hervorgebracht, begründet, im Sein erhalten wird. Das Sein ist geschenkt von Gott her und verdankt vom Menschen auf Gott hin, von dem Du Gottes zu dem Du des Menschen. Freilich nur in höchster Analogie, aber doch in letzter Wirklichkeit. Wer sich für diese Deutung entscheidet, auf Gründe hin, die ihn überzeugen, seine Glaubensüberzeugung bildet, darf dann zu dem göttlichen Du sagen: „Ich verdanke mich dir, denn ich bin, weil du ja zu mir sagst, mich liebst. Ich danke dir dafür. Ich darf das Vertrauen haben, daß du auch willst, daß mein Leben mir glückt und gelingt. Ich weiß mich im letzten getragen von dir, über den Abgrund des Nichts gehalten durch deine Hände. Wenn ich von dir ausgegangen bin, darf ich hoffen, daß ich auch zu dir gelangen werde als meinem letzten Ziel. Der Anfang meines Lebens ist dann nicht nur eine temporale Angelegenheit, sondern das Eingelassensein in die Möglichkeiten meines Daseinsvollzuges. Und mein Ende ist dann ebenfalls kein Ver-enden, sondern ein Vollenden, das Einholen des Gültigen meines Lebens in das Endgültige bei dir." Was kann mich berechtigen, solches zu denken und zu sagen? Die Erfahrung der konkreten Wirklichkeit, das eigentlich Menschliche. Der Mensch ist zwar angewiesen auf die materielle Welt, aber sein eigentliches Leben ist doch bestimmt vom Bereich des Personalen, der getragen wird von Trauen und Vertrauen, Treue und Liebe, vor allem durch das Wort, das nach einer Bemerkung von F. *Ebner*, das „Vehikel vom Ich zum Du" ist. Die Anrede Du bringt erst das Ich zum Bewußtsein. Darin liegt das tiefe Analogon zur Schöpfung. Im Bild gesagt, Gott ruft den Menschen bei seinem Namen, und dieser Ruf ruft ihn ins Dasein.

Damit kommen wir schon zum zweiten Punkt unserer Überlegung. Die Welt ist nicht nur von Gott her, sondern auch auf den Menschen hin. Genauer gesagt, beides läßt sich nicht voneinander trennen. Sie sind die beiden Seiten der einen Wirklichkeit. Welt ist nicht nur Welt Gottes, sondern auch Welt der Menschen. Die Erkenntnis der Alten, der Mensch sei ein Mikrokosmos, besagt zunächst, daß sich in ihm alle Bereiche der Wirklichkeit in organischer Einheit beisammen finden. Diese mehr spekulative Einsicht und Ansicht wird durch die positiven Erkenntnisse der Evolutionstheorie in einer erstaunlichen Weise bestätigt. Die Humanwissenschaften haben erkannt, daß der Mensch im Mutterschoß den Evolutionsprozeß analog, sozusagen im kleinen, und in der subjektiven Gestalt des einzelnen Menschen im kleinen durchmacht. Das Erstaunliche ist ferner, daß sich fast alle Elemente, aus denen sich die Welt aufbaut, auch im Menschen finden, aber nicht wie etwa Eisen im Hammer oder Kalk im Mörtel, sondern in organischer Weise. Dasselbe gilt analog von dem vegetativen Bereich im sensitiven und diesem wiederum im intellektiven. Die höhere Ebene ist ohne die niederen nicht denkbar und nicht möglich. Diese organische Einheit, wie sie sich in vollendeter Form im Menschen findet, besteht nicht darin, daß die getrennten Teile irgendwie zusammengesetzt wären, und demnach wieder auseinandergenommen werden könnten, wie etwa *H* und *O* im Wasser, sondern so, daß das eine das Organon des anderen ist. Am deutlichsten läßt sich das erkennen am Menschen. Er ist vergeistigter Leib und verleiblichter Geist, das eine ist nicht denkbar ohne das andere. Der Leib ist nicht, wie man lange Zeit annahm, das Gehäuse der Seele, gar ihr Grab (nach dem griechischen Verständnis soma sema tes psyches), sondern die Erscheinungsform der Seele, die Erfahrungs- und Erlebnisgrundlage und die Ausdrucks- und Darstellungsform der Seele. Noch einmal sei daran erinnert, daß in diesen Aussagen nur analog gesprochen werden kann. Das heißt die Wirklichkeit wird nicht im Modell der Photographie, sondern eher im Modell des Dichters dargestellt. Dessen Aufgabe besteht ja darin, die Wirklichkeit in ihrer eigentlichen Dichte zu Wort zu bringen.

Im tiefsten, wenn auch wiederum in einem analogen Sinn, trifft diese organische Einheit auf das Verhältnis des Menschen zu seiner Welt zu. In Fortführung von Gedanken *Heideggers*, vor allem seiner Wendung „In-der-Welt-Sein", hat B. *Welte* die Welt als „ichhaft", das Ich als „welthaft" gedeutet. Danach ist das Ich der bewußte Bezugspunkt, dem sich die Dinge entgegenbringen, die Welt der Raum, zu dem hin das Ich gewendet und auf den hin es bezogen ist, zu dem es sich verhält, den es gestaltet. Aus der primären Welt, die unmittelbar begegnet, hat er eine sekundäre Welt geschaffen, in der er überall sich selber begegnet.

Das Verhalten des Menschen zu seiner Welt und die Gestaltung derselben ist unbestreitbar an die Gesetze gebunden, die die Natur beherrschen. Der Mensch kann sie zwar in einer erstaunlichen Weise verwenden, daß sie seinem Willen und seinen Vorstellungen dienstbar werden, wie das in der Technik geschieht. Aber er kann sich nicht grundsätzlich über sie hinwegsetzen. Eine so großartige Leistung wie etwa eine Mondlandung war nur möglich unter genauester Beachtung der Gesetze. In einem echten Sinn kann man daher sagen, das Verhalten des Menschen zu diesen Gesetzen sei so etwas wie eine Antwort auf das Wort, das die Natur, befragt durch das Experiment, gibt. So erhebt sich auch hier die Frage, kann man intellektuell redlich sagen, eine sinnvolle Ant-wort entspreche nur einem sinnvollen Wort, das sich in den Naturgesetzen ausspricht. Jedenfalls scheint das plausibel. Die Macht über die Natur muß schließlich auch ethisch verantwortet werden. Gerade die Diskussionen der letzten Jahre um Schwangerschaftsunterbrechung, Sterilisation und Euthanasie haben sehr deutlich gemacht, daß dem rein wissenschaftlichen Vermögen eine Macht gegenübertritt, die ein unerbittliches Veto einlegt. Anschaulicher wird das noch dargetan durch die Probleme der Kernkraftwerke und der Umweltverwüstung.

Was ist dann der unverrückbare Maßstab, an dem die Verantwortbarkeit wissenschaftlicher und technischer Möglichkeiten gemessen wird? Bisher bestand wenigstens in der Bundesrepublik ein demokratisch-ethischer Konsens, wie er in den Grundrechten des Grundgesetzes umschrieben wird. Danach ist es die Würde der menschlichen Person, die unantastbar ist. Wir können diesen Problemen hier nicht weiter nachgehen, sie spielen aber in den weiteren Ausführungen implicite eine Rolle.

Die entscheidende Aussage des Theologen zum Thema Weltbild kommt, wie schon angedeutet, vom Menschenbild her. In kürze kann hier nur das für unseren Fragestand Bedeutsame vermerkt werden. Die Theologie versteht den Menschen als Gesprächspartner Gottes, als hörendes, vernehmendes, antwortendes Du auf das sich erschließende, sich mitteilende, wartende Du Gottes. Im Verhältnis von Gott und Welt steht der Mensch in einem tiefen Sinn im Mittelpunkt. Gott ist unbeschadet seiner Absolutheit, Hoheit und Herrlichkeit, seiner schöpferischen Allmacht dennoch der Gott für den Menschen. Der Mensch ist nur, weil Gott ihn will, ja zu ihm sagt, Gott hat ihn ins Dasein gerufen mit seinem Namen, Gott ist aber nicht der andere, der neben dem Menschen steht, auch nicht über ihm, wie das unter Menschen natürlich der Fall ist (darin liegt das Mißverständnis *Nietzsches*), sondern Gott läßt den Menschen sein, macht daß er ist in Eigenständigkeit und Freiheit und in eigener Verantwortung. Der Mensch wird von der Theologie verstanden als die personale Antwort auf das Wort, das Gott an ihn richtet und dadurch sein Dasein und seine Welt „hervorbringt". Von daher gesehen bedeutet Weltbild theologisch gesehen, das Bild, das (analog gesprochen) sich Gott von der Welt macht, in der Welt wiederzuerkennen, vor allem, wie es durch die Offenbarung gedeutet worden ist.

Nach all diesen Überlegungen, Bemerkungen und Kritiken kann nun versucht werden, zusammenfassend darzustellen, was Theologie unter Weltbild versteht. Sie sieht es zunächst nicht in sich allein, sondern immer in Zusammenhang, Korrelation mit dem Gottes- und Menschenbild. Für sie ist die Welt aus und von Gott und zugleich Welt um des Menschen willen. Ohne den Menschen hätte sie keinen Sinn. Natürlich ist die Welt Verwirklichung göttlicher Gedanken und göttlichen Willens. Aber sie ist „Gedankenaustausch" mit dem Menschen. Über die Welt als Darstellung göttlicher Gedanken gelangt der Mensch, diese Gedanken nachdenkend, zu dem, der sie erdacht und verwirklicht hat. Wie man bei einem Kunstwerk sagen kann, es sei z. B. ein echter *Dürer* oder *Michelangelo,* weil man aus dem Werk in seiner Anlage und Ausführung die Eigenart des Meisters erkennen kann, so bezeugt die Welt dadurch, daß sie ist und nicht nicht ist, die Eigenart ihres Meisters. Er ist ihr Schöpfer, der es vermochte, sie ins Dasein zu rufen. Und wie der Anblick eines Kunstwerkes in Staunen versetzt und zum Ausdruck der Begeisterung bewegt, wie herrlich, wie großartig, ist es da nicht legitim, angesichts der, wie wir sagen, Wunder der Natur, auch zu sagen, Herr, unser Gott, wie wunderbar sind deine Werke? Und auch zu fragen, was ist der Mensch, daß Du seiner gedenkst, wie es der Psalm 8 tut?

In diesem theologischen Weltbild lassen sich die berechtigten Anliegen aller Philosophen und das Gültige an ihnen unterbringen. Der Idealismus *Platos* meint in seinem gültigen Sinn, daß es etwas gibt, das Urbild und Maß aller konkreten Dinge ist. Was er unter dem topos ouranios versteht, hat *Augustinus* ins Christliche gewandt die mens divina genannt, in der die rationes aeternae, *Platos* Ideen erdacht und sozusagen versammelt sind. In den geschaffenen Dingen leuchtet etwas auf, wird etwas phainomenon, das den göttlichen Geist widerspiegelt. Auch die gegenteilige Auffassung des Positivismus findet darin Verständnis, insofern das unmittelbar in die Augen Fallende, Meß- und Feststellbare eben zunächst nur das Faktische ist. Der beide Anliegen integrierende Universalismus, nach dem die Idee erblickt wird, weil verwirklicht im konkreten einzelnen, scheint am meisten diesem Weltbild zu entsprechen.

Schließlich kann auch das Gültige der Dreistadientheorie von August *Comte* in dieses theologische Weltbild einbezogen werden. Daß dem theologischen das philosophische und diesem das positive Stadium folgte, liegt gewiß an dem wachsenden Zu-sich-selber-Kommen, dem Bewußtsein des Menschen. Der tiefere Grund liegt aber in der Wirklichkeit selber, in der

Mannigfaltigkeit und Vielschichtigkeit ihrer Dimensionen, in denen sie wahrgenommen werden kann.

Weil die Welt nach theologischem Verständnis aus Gott ihre Herkunft ableitet, kann sie nicht Ergebnis eines blinden Zufalls sein. Man kann sich nur darüber wundern, wie man diesen Gedanken des blinden Zufalls im Ernst denken kann. Dafür gibt es jedenfalls in der Erfahrung kein überzeugendes Analogon. Hinter allem — auch das wieder analog gesprochen — kann kein antlitzloses Verhängnis, sondern nur ein zielstrebiger Geist stehen. Daher hat die Welt auch ein telos, eine sie zu Erfüllung und Vollendung führende Zukunft. In etwa kann diese These schon begründet werden im Hinblick auf die unbestreitbare Gesetzmäßigkeit der Natur, die ja die Grundlage der Naturwissenschaften und aller positiven Wissenschaften ist.

Oben wurde als grundlegender theologischer Begriff „Schöpfung" ins Gespräch gebracht. Kein Begriff der modernen Wissenschaften könnte so nahe an diesen theologischen herangebracht werden wie der Begriff „Evolution". Die Evolutionstheorie sagt in kürze, unsere Welt ist eine werdende. Alles hat sich ent-wickelt aus ur-haften Formen, aus einem Urstoff. Und dies nicht nur zeitlich, sondern auch seinsmäßig. Es geht also nicht nur um ein zeitliches Nacheinander, sondern auch um ein seinsmäßiges Auseinander. An sich kann die Evolutionstheorie bekanntlich nicht bewiesen werden, weil die Zeit fehlt, sie durch Experimente zu verifizieren. Aber ohne sie könnte die Welt wissenschaftlich nicht erklärt werden. Sie ist eher ein Axiom denn eine Theorie. Wie immer es auch damit sich verhalten mag, die Evolutionstheorie ist die andere Seite des Schöpfungsglaubens. Daß die Welt ihr Dasein nicht sich selber verdankt, kann aus der Erfahrung erkannt werden. Daß sie aber ist, ist ja die Folge der Erfahrung. Warum sie ist, läßt sich nicht beweisen, sondern nur in personaler Entscheidung, gestützt auf vernünftige Gründe annehmen. Wie sie geworden ist, kann die Naturwissenschaft anhand von Forschung, Experimenten und Belegen feststellen. Das oben gezeichnete Wirken Gottes als causa prima per causas secundas gibt die Grundlage einer entsprechenden, sinnvollen Deutung. Der Name Teilhard *de Chardin* mag für das Gemeinte stehen. Ohne im einzelnen zu seinen Thesen Stellung zu nehmen, können seine Begriffe alpha und omega als Termini übernommen werden, zwischen denen sich die Evolution vollzieht.

Es ist schwer auszumachen, was die Naturwissenschaften zur Frage der Teleologie Gültiges sagen können. Sie stellen in ihrem konkreten Bereich die entsprechende Gesetzmäßigkeit fest. Nun sind Gesetze immer teleologisch. Sie haben den Sinn, das Funktionieren, den eigentlichen Verlauf eines Prozesses, also eines Vor-gangs, zu gewährleisten. Auch das Zu-einander und Über-einander der verschiedenen Dimensionen trägt den Charakter einer gesetzmäßigen Ordnung. Alles, was sinnvoll angelegt ist, ist auch zielgerichtet. Demnach läßt sich auch die Evolution, die ja ein Nach- und Auseinander ist, ohne eine irgendwie geartete und noch näher zu bestimmende Zielstrebigkeit, nicht erklären. Damit ist nicht eine geradlinige, notwendig sich vollziehende Entwicklung gemeint. Man kann *Monod* weithin recht geben, daß der Zufall eine sehr große Rolle gespielt hat beim konkreten Verlauf und den konkreten Formen. Aber der Gedanke, es handle sich um reinen und ausschließlich um Zufall, ist nicht plausibel zu machen. Vielmehr muß das, was später wirklich wurde, der Möglichkeit nach als Anlage, Entelechie, schon vorgelegen haben. Werden besagt ja Übergang vom Möglichen zum Wirklichen. Das gilt natürlich auch von der Evolution als solcher. Nicht nur die einzelnen Dinge, sondern die Welt als Inbegriff derselben ist eine werdende und gewordene. Wie immer der Urstoff bestimmt werden mag, was sich aus ihm entwickelt, ex-pliziert hat, muß der Möglichkeit nach in ihm ein-gewickelt, impliziert sein.

Was ist das genau, das sich da entwickelt hat, besonders von dem Zeitpunkt an, in dem das Leben sich zeigt? Leben ist die Fähigkeit, von innen her und nach innen hin tätig zu sein. Die Naturwissenschaften können erklären, wie der Prozeß des Stoffwechsels abläuft, wie sich dabei Gesetze der Chemie und Biologie und andere nicht nur nicht widersprechen, sondern in einer erstaunlichen Weise ineinanderspielen. Sie können aber nicht sagen, warum das so ist, wie es möglich ist, daß aus lebloser Materie Leben, aus Materie Geistleben entstehen kann. Dieses Faktum verlangt notwendig eine Deutung. Denn davon hängt ja die Be-deutung desselben für das menschliche Selbstverständnis ab. Die mögliche Deutung der Philosophie, Gott als causa prima operatur per causas secundas, Gott macht, daß die Dinge sich machen, wie Teilhard de *Chardin* es so treffend formuliert hat, ist formal gesehen nicht weniger plausibel als jede andere auch. Die Theologie übernimmt sie deshalb, weil sie ihrem Seinsverständnis am meisten entspricht. Sie sieht darin die denkerische Interpretation ihres Schöpfungsglaubens. Danach ist das natürliche Telos der Natur aufgehoben in das eigentliche Schöpfungsziel, die Vollendung der Welt im Gottmenschen Jesus *Christus*.

Begriffliche und materiale Einheit
der Wissenschaft

Von Bernulf Kanitscheider

Immer wieder wird, meist bei feierlichen Anlässen, bei Jubiläen von wissenschaftlichen Vereinigungen und bei Geburtstagen bedeutender Forscher, die Einheit einer bestimmten Disziplin, zuweilen auch die Einheit der Wissenschaft insgesamt beschworen. Der dabei verwendete Einheitsbegriff enthält mehr oder weniger einen umgangssprachlich gemeinten losen Zusammenhang zwischen den einzelnen Forschungsergebnissen; selten wird aber geklärt, worin denn eigentlich eine solche Einheit bestehen könnte bzw. wie das Zukunftsideal aussieht, auf das hin die Wissenschaft geformt werden soll. Wir werden uns im folgenden bemühen, die verschiedenen Komponenten dieses Komplexes auseinanderzulegen. Dabei werden wir uns in einem ersten Abschnitt damit befassen, welche Typen der „Einheit der Wissenschaft" man sinnvollerweise unterscheiden kann. In einem zweiten Teil soll spezieller auf die dabei auftretenden klärungsbedürftigen Begriffe eingegangen werden; hier wird es vor allem darum gehen, die thematisch zentralen Termini von Reduktion und Emergenz schärfer zu fassen. Danach sollen, nach der Stärke ihres Aussagegehaltes geordnet, einige Thesen zur Vereinheitlichung besprochen werden. In einem vierten Teil sollen konkrete Reduktionsversuche exemplarisch analysiert werden. Der fünfte Teil richtet sich auf das engere Ziel der Einheitlichkeit physikalischer Theorien.

I.

Wenn man einen traditionellen Philosophen mit der Problematik der Einheitswissenschaft konfrontiert, so wäre es leicht denkbar, daß dieser die Behauptung aufstellt, daß die großen klassischen philosophischen Systeme dieses Programm in gewissem Sinne längst vorweggenommen und erfüllt haben. Die Einigung der Wissenschaften unter ein umfassendes Dachprinzip wäre in diesem Sinne nicht erst eine späte Erfindung des unity of science movement, sondern dieses wäre seinerseits nichts anderes als das empiristisch verbrämte Wiedererwachen des alten Einheitsstrebens, das man ohne weiteres bis zur ionischen Naturphilosophie zurückverfolgen könnte. Die vorsokratische Suche nach der ἀρχή, der Hylomorphismus des *Aristoteles*, *Platons* Ideenlehre, *Spinozas* substantieller Spiritualismus, *Leibniz'* Monadenlehre und *Hegels* Dynamik des absoluten Geistes wären in diesem Sinne eine einheitliche Einordnung des gesamten objektiven Wissens unter ein metaphysisches Prinzip. Dies jedoch versteht man aus der Perspektive der analytischen Philosophie nicht unter der Einheit der Wissenschaft. Sie versuchte vielmehr zu zeigen, vor allem durch Hinweis auf die logische Unvereinbarkeit der angebotenen metaphysischen Prinzipien, daß die frühen Einheitsbestrebungen, wie sie von der Philosophie selbst her erfolgten, nicht erfolgreich sein konnten, weil die älteren philosophischen Gesamtsysteme eine viel zu einfache Vorstellung vom Aufbau der Natur hatten und außerdem, wie ein Vergleich mit den zeitgenössischen naturwissenschaftlichen Theorien zeigt, zumeist in ganz falschen Richtungen nach den einschlägigen Schlüsselbegriffen und den sie verknüpfenden Fundamentalrelationen suchten. Die moderne Einheit-der-Wissenschaft-Bewegung setzt erst dort an, wo die Aufsplitterung der Wissenschaft in eine Vielfalt von Einzeldisziplinen bereits etabliert ist, wo die Erkenntnis der Unumgänglichkeit des „piecemeal knowledge" sich bereits definitiv durchgesetzt hat, wo man also erkannte, daß die Einheit, wenn sie überhaupt erzielbar ist, nur ein spätes synthetisches Ergebnis sein kann, das den Umweg über die Vielfalt der speziellen empirischen Zusammenhänge nehmen muß. Das moderne unity of science movement stützt sich auf die französischen Enzyklopädisten, auf *d'Alemberts* „Discours préliminaire" und auf *Condillacs* „Traité de Système". Bei den enzyklopädistischen Vorhaben wird nämlich kein apriorisches metaphysisches System angestrebt, sondern eher eine Zusammenfassung empirisch wissenschaftlicher Aktivitäten unter einem baconschen Ordnungsgesichtspunkt. Es galt nicht, das alte Ideal der Milesier zu realisieren, indem man die fundamentalen Gesetzmäßigkeiten des gesamten Naturgeschehens findet, sondern als neues Ideal schwebt ein Mosaikbild der Einigung vor, bei dem post hoc die Einzelergebnisse der Wissenschaften zusammengefügt werden sollen ohne einen weitergehenden fundamentalen Anspruch. In unserem Jahrhundert wurden, vor allem dank der Initiative von Otto *Neurath,* diese Pläne wieder aufgenommen[1]. Dabei wird gerade bei den Mitgliedern des Wiener Kreises die antimeta-

---

[1] O. Neurath: Unified Science as Encyclopedic Integration, in: Foundations of the Unity of Science, Vol. I, No. 1. Chicago ³1971.

physische Tendenz stark betont, was sich darin äußert, daß man allen rationalistischen Systemkonstruktionen ablehnend gegenübersteht und sich auf die logische Verbindung der einzelnen Wissenschaftsteile beschränken will: „Science itself is supplying its own integrating glue instead of aiming at a synthesis on the basis of a ‚super science' which is to legislate for the special scientific activities[2]." Wir werden bei der Besprechung der verschiedenen Arten der einheitsstiftenden Prinzipien auch auf die vor allem linguistisch ausgerichtete Einheitstendenz eingehen.

Auch dem außenstehenden Beobachter wissenschaftlicher Aktivitäten fällt, etwa wenn er das Vorlesungsverzeichnis einer Universität durchblättert, der vielfach aufgesplitterte Fächerkatalog der Wissenschaften auf. Ihm wird sich die naheliegende Frage aufdrängen, warum Forschung und Lehre überhaupt nur in einer solchen kleingefächerten Einteilung durchgeführt werden können, und wenn sich das begründen läßt, warum gerade diese Einteilung und keine andere getroffen worden ist. Wir wollen uns hier nicht mit der Vielzahl der Fächer befassen, sondern nur einen Blick auf die große Gliederung werfen. Fünf deutlich unterscheidbare Gruppen von Fächern bieten sich sofort an: die physikalische Klasse, die biologische, die psychologische, die soziologische und die historische. Fragt man nach dem Grund dieser Großeinteilung, so wird man im allgemeinen Antworten der folgenden Art bekommen: Die Realität hat sich als dermaßen komplex erwiesen, daß eine Art Arbeitsteilung in den Aufgabenstellungen unumgänglich ist. Die wissenschaftstechnischen Voraussetzungen zur kognitiven Bewältigung der materialen Ebene, zur Erfassung der Struktur der Systeme mit zielgerichteter Organisation wie derjenigen Phänomenklasse, die sich durch reflexive Bewußtseinsstrukturen auszeichnet, und schließlich jenes Teils der Realität, der sich aus einem großen Ensemble von solchen psychischen Systemen zusammensetzt, sind derartig verschieden, daß kein Wissenschaftler alle bereichsspezifischen Methoden zugleich hinreichend beherrschen kann, um fruchtbare Forschungsarbeit auf allen Gebieten zu leisten. Drückt man diese Antwort in philosophischen Termen aus, bedeutet dies, daß es aus wissenschaftspragmatischen Gründen vernünftig ist, den gesamten, ontologisch gesehen homogenen Block der Realität in epistemische Schichten aufzuteilen, um damit die Natur leichter kognitiv handhaben zu können. Das Verhältnis der einzelnen Disziplin zur gesamten Wissenschaft ist also nicht durch eine ontologische Zäsur bestimmt, sondern allein die Komplexität der Strukturen auf den einzelnen Stufen erfordert diesen ordnenden Eingriff.

---

[2] Neurath, a.a.O., S. 20.

Eine abweichende Antwort auf die Frage nach der Begründung des Fächerkatalogs wird allerdings von den Vertretern der sogenannten „Schichthypothese" der Natur geliefert[3], die die Auffassung vertreten, daß die Realität insgesamt nicht aus einem homogenen Block besteht, sondern eine innere Schichtung aufweist und daß die Verschiedenheit der Klassen von Begriffen und der Gesetzestypen, die auf den einzelnen Ebenen verwendet werden, nichts anderes ist als eine Spiegelung dieser unterteilten Wirklichkeit. Der kritische Punkt der sogenannten Emergenz-versus-Reduktion-Auseinandersetzung liegt nun genau in dieser ontologischen Frage: Spiegelt die Einteilung der Wissenschaften eine tatsächlich in der Natur vorhandene Gliederung wider, oder ist sie ein epistemischer Artefakt, d. h. ist die Wirklichkeit tatsächlich ein stetiger, zusammenhängender Bereich, der nur von verschiedenen Aspekten aus einen den Einzelwissenschaften entsprechenden Eindruck liefert? Um eine Entscheidung in dieser Frage herbeizuführen, kann man allerdings heute nicht mehr den früher angesteuerten Weg der Unterordnung der Einzelwissenschaft unter ein metaphysisches Prinzip gehen, sondern man muß, will man die Emergenz-Reduktion-Auseinandersetzung tatsächlich logisch durchsichtig formulieren, einen einigermaßen präzisen Begriff der Reduktion von Theorien und der Reduktion von Wissenschaftszweigen aufeinander besitzen. Nur unter Verwendung eines solchen begrifflichen Instrumentariums wird das ontologische Problem tatsächlich entscheidbar.

II.

Der in der analytischen Philosophie heute vor allem verwendete Begriff der Reduktion von Theorien geht auf eine Arbeit von *Kemeny* und *Oppenheim* (1956) zurück[4]. Diese Explikation schien auch in der Arbeit von *Oppenheim* und *Putnam* (1958)[5] auf und soll auch hier zugrunde gelegt werden. *Kemeny* und *Oppenheim* verlangen drei Bedingungen, damit zwei Theorien T_1 und T_2 aufeinander reduziert werden können: 1. Die Sprache von T_2 muß Terme enthalten, die nicht in der Sprache von T_1 enthalten sind. 2. Alle Erfahrungsdaten, die durch T_2 erklärt werden

---

[3] N. Hartmann: Philosophie der Natur. Berlin 1950, Kap. 41, S. 474. M. Bunge: Metascientific Queries. Springfield 1959, S. 108.

[4] J. G. Kemeny, P. Oppenheim: On Reduction. Philosophical Studies VII, 1956, S. 6 - 19.

[5] P. Oppenheim, H. Putnam: Einheit der Wissenschaft als Arbeitshypothese, in: L. Krüger: Erkenntnisprobleme der Naturwissenschaften. Köln, Berlin 1970, S. 339 - 371.

können, müssen auch durch T_1 erklärbar sein. 3. T_1 muß mindestens ebenso gut systematisiert sein wie T_2. Das letzte will besagen, daß der logische Kohärenzgrad, d. h. der Zusammenhang der Gesetze und Hypothesen bei T_1 im allgemeinen stärker sein wird, jedenfalls aber nicht schwächer sein darf als bei T_2. Diesen Reduktionsbegriff kann man dann von Theorien auch auf die Wissenschaft selbst übertragen. Unter der Reduktion einer Teilwissenschaft B_2 auf eine andere Teilwissenschaft B_1 versteht man folgendes: Wenn man die allgemein anerkannten Theorien aus B_2 zu gegebener Zeit t als T_2 bezeichnet, dann wird B_2 auf B_1 zur Zeit t dann und nur dann reduziert, wenn es zur Zeit t in B_1 eine Theorie T_1 gibt, so daß T_1 T_2 reduziert. Die Schwierigkeit bei Verwendung dieses Wissenschaftsreduktionsbegriffs von *Kemeny* und *Oppenheim* wird natürlich sofort deutlich: 1. ist der Reduktionsbegriff pragmatisch beschränkt auf einen bestimmten Zeitpunkt und 2. setzt er voraus, daß für eine Disziplin eine Einigung darüber erzielbar ist, welches die allgemein anerkannten Theorien dieses Faches zu einem Zeitpunkt sind. Überdies macht der so eingeführte Reduktionsbegriff noch eine ontologische Voraussetzung. Es ist wichtig für eine Mikroreduktion, daß die Teilwissenschaft B_1 sich mit all denjenigen Objekten befaßt, die auch Gegenstand von B_2 sind. Wir müssen also für jede Teilwissenschaft einen spezifischen Objektbereich (universe of discourse) annehmen und überdies im Besitz einer Teil-Ganzes-Relation sein, die die ontologische Eingliederung durchführt. Wenn man dies voraussetzt, dann kann man sagen, daß die Reduktion von B_2 auf B_1 eine *Mikroreduktion* ist: B_2 ist auf B_1 reduziert. Die Objekte des Gegenstandsbereiches von B_2 sind Ganzheiten, die eine Zerlegung in echte Teile gestatten, welche alle dem Gegenstandsbereich von B_1 angehören[6].

Eine Mikroreduktion ist ein spezieller Fall einer *heterogenen* Reduktion, bei der im Unterschied zu einer *homogenen* Reduktion T_1 und T_2 in verschiedenen Sprachen ausgedrückt sind, welche ineinander übersetzt werden müssen[7]. Sie führt die Theorie eines materialen Systems, als Ganzheit betrachtet, auf eine Theorie von dessen Elemente zurück. Reduktionen ganz allgemein kann man wieder als den speziellen Fall einer deduktiv-nomologischen Erklärung ansehen, wobei die reduzierte Theorie T_2 dem explanandum, die reduzierende Theorie T_1 dem explanans entspricht. Die Antecedensbedingungen, welche im Fall von Tatsachenerklärungen die Spezialisierung der Gesetze liefern, müssen hier durch Zusatzannahmen ersetzt werden. Man kann ihre Funktion am Parade-

---

[6] Oppenheim, Putnam, a.a.O., S. 341.

[7] E. Nagel: The Structure of Science, New York 1961, Chap. 11.

beispiel von phänomenologischer Thermodynamik und der molekular-kinetischen Theorie der Gase studieren. Faßt man eine Gasmenge als ein System von Molekülen auf, das sich entsprechend der Mechanik bewegt, dann beschreibt die letzte die Elemente des ganzheitlichen Systems. Für eine reduktive Verbindung von Thermodynamik und Mechanik braucht man nun einerseits die Strukturaussage, daß ein Gas wirklich aus einer großen Zahl von Molekülen besteht, deren Bewegung einem Gleichverteilungsgesetz folgt (statistische Unordnungsannahme), andererseits braucht man Sätze, die die Makrovariablen der Thermodynamik mit den Mikrovariablen der statistischen Mechanik verbinden (z. B. $T \sim \frac{1}{2}\mu\overline{v^2}$), sog. Brückenprinzipien[8]. Diese haben den Charakter synthetischer Aussagen genauso wie die Idealisierungen, die in den Strukturbeschreibungen stecken. Dementsprechend folgt eine reduktive DN-Erklärung von Theorien dem logischen Schema[9] $\{T_1, S, B\}\ T_2$. Die Brückenprinzipien sind dabei eigentlich weder Teil des reducens noch des reducendums, sondern die Konjunktion von T_1, S und B ist eine neue Theorie, aus der T_2 logisch folgt.

Gerade im Zusammenhang des Verhältnisses von Thermodynamik und klassischer Mechanik ist es ein häufig vorkommender Fehler, die logische und ontologische Komponente bei der Reduktion nicht zu unterscheiden, etwa wenn man aus der numerischen Übereinstimmung der mittleren kinetischen Energie und der Temperatur eines Ensembles von Teilchen die substantielle Gleichheit beider Größen bzw. die mechanische Reduktion von Temperatur erschließt.

Nicht jede Beziehung zwischen Begriffen ist schon eine genuine Reduktion. Um ein Beispiel *Bunges* heranzuziehen: Wenn man des Lesers Interesse an Philosophie[10] als psychische Eigenschaft ψ in Abhängigkeit von der biologischen Eigenschaft β und der soziokulturellen Variablen σ betrachtet, $\psi = F(\beta, \sigma)$ dann gehören die abhängige Größe ψ vielleicht der n-ten, die unabhängigen Größen β der $(n-1)$sten bzw. σ der $(n+1)$sten Schicht in einer ontologischen Ordnung an; die Funktion F beschreibt also eine nichtreduzierende Zwischenschichterklärung, welche sich von einer eliminierenden Reduktion wesentlich durch deren Aussage unterscheidet, daß Gesetze und Eigenschaften beider Schichten entgegen dem primären Erscheinungsbild materialiter gleich sind.

---

[8] R. Causey: Uniform Microreductions, Synthese 25, 1/2, 1972, S. 176 - 218.

[9] W. K. Krajewski: Correspondence Principle and Growth of Science, Dordrecht 1977, S. 32.

[10] M. Bunge: Scientific Research II. New York 1967, S. 41.

Von besonderer Bedeutung ist noch, daß die so eingeführte Relation der Mikroreduktion die logischen Eigenschaften der *Transitivität*, der Reflexivität und der Asymmetrie besitzt, denn gerade die Transitivität ist von außerordentlicher Bedeutung für das Einheitsprogramm der Wissenschaft. Wegen der Transitivität können nämlich Mikroreduktionen die Eigenschaft der *Kumulation* besitzen, d. h. wenn eine Disziplin B_3 auf B_2 mikroreduziert wird und dann B_2 auf B_1, wird automatisch auch B_3 auf B_1 mikroreduziert. So kann man also eine große Zahl von Reduktionen hintereinanderschalten und auf diese Weise ontologisch weit auseinanderliegende Gebiete aufeinander reduzieren. Geht es also etwa um das Verhältnis von Elementarteilchenphysik und Soziologie, bedeutet ein möglicher Reduktionsplan nicht etwa eine Erklärung der gegenwärtigen Wirtschaftsphänomene in der Bundesrepublik durch die Dynamik der starken Wechselwirkung oder die Quarkhypothese, sondern zwischen diese beiden Extreme wird eine große Zahl von Einzelreduktionen treten müssen, wobei von der Elementarteilchenebene ausgegangen und über die atomphysikalische, die chemische, die organische Ebene schrittweise die neuronale Struktur des Gehirns, das statistische Verhalten eines großen Ensembles von Menschen und schließlich deren soziale Struktur erst nach sehr vielen Schritten angesteuert wird. Bei sehr vielen Polemiken gegen mögliche Reduktionsprogramme wird dieser Zusammenhang vergessen. Durch einen schnellen Hinweis auf die gänzliche Verschiedenheit der weit auseinanderliegenden Gegenstandsbereiche versucht man, die Irrealität eines solchen Planes aufzuzeigen. Die historische Ebene könnte sich bei einem solchen Vorhaben als letzter Schritt dadurch ergeben, daß man signifikante soziale Zustandsgrößen, die ein stabiles Durchschnittsverhalten des statistischen Ensembles von Menschen kennzeichnen, dynamisiert, d. h. eine funktionale Abhängigkeit für die zeitliche Veränderung des gesellschaftlichen Zustandes findet.

Der duale Begriff zur Reduktion ist die Emergenz. Sie beschreibt das Hervorgehen einer neuen Eigenschaft aus den Bestandteilen einer tieferen Schicht. Man kann sich dies an folgendem Beispiel klarmachen: Eine Schneeflocke ist ein Kristall mit einer hexagonalen Symmetrie. Dies ist ein ganz spezifisches Prädikat, dessen Anwendung allein auf die einzelne Schneeflocke sinnvoll ist. In einem größeren Aggregat, bereits in einem Schneeball, wird diese Symmetrie zerstört, und wenn man einige Milliarden Schneeflocken bei ausreichend tiefer Temperatur aufeinanderhäuft, entsteht ein ganz neues Gebilde, nämlich eine kompakte Masse aus Eis, ein Gletscher, der physikalisch eine zähe Flüssigkeit darstellt, die unter ihrem eigenen Gewicht fließt. Wesentlich ist jetzt, daß auf beiden Ebenen, der der einzelnen Schneeflocke wie auch der des Gletschereises, spezifische Eigenschaften und Gesetze vorhanden sind, wobei das Entstehen der komplexeren Eigenschaften durch ihren kausalen Zusammenhang mit der tieferen Ebene der spezifischen Kombination der Elementareigenschaften erklärbar ist. So läßt sich etwa die Fließgeschwindigkeit des Eises in Abhängigkeit vom Neigungswinkel durch die Kristallstruktur und die darauf beruhende Zähigkeit, den Widerstand gegenüber deformierenden Kräften, erklären. Keineswegs ist es aber möglich, die Symmetrieeigenschaften auf die compound-Ebene, also die zusammengesetzte Ebene, zu übertragen. Kein Gletscher besitzt in irgendeiner Weise eine hexagonale Symmetrie.

Ein anderes Beispiel, das Konrad *Lorenz* bringt[11], ist durch einen elektromagnetischen Schwingungskreis veranschaulicht, wo man es ebenfalls mit ganz verschiedenen Arten von Elementen, Kapazitäten, Widerständen, Induktivitäten und dergleichen auf einer tieferen Ebene zu tun hat, die in einer ganz spezifischen Weise zusammengesetzt werden, worauf dann etwas entsteht, das *absolut neu* ist gegenüber der Elementenebene, eben ein elektromagnetischer Schwingungskreis. Noch in einem dritten aus der Mathematik entlehnten Beispiel kann man sich den Begriff der Emergenz veranschaulichen. Jeder regelmäßige konvexe Polyeder kann als aus Dreiecken zusammengesetzt gedacht werden. Wenn man also die verschiedenen Typen von Dreiecken, die man dazu braucht, in geeigneter Weise kombiniert, und zwar in einer räumlichen Anordnung, dann entsteht etwas Neues mit einer andersartigen Gesetzesstruktur. Während auf der tieferen Ebene die Gesetze der Dreiecke die Elemente beherrschen, ergibt sich auf der zusammengesetzten Ebene etwa die *Euler*sche Polyederformel $E - K + F = 2$. Dieser Zusammenhang kann als eine emergente Eigenschaft angesehen werden, die in ihrer Aussage in bezug auf die Elemente absolut sinnlos wäre.

Es ist vielleicht sinnvoll, schon jetzt zwei Begriffe der Emergenz zu unterscheiden: Eine *schwache Emergenzaussage* besteht darin, daß die Welt Schichtstruktur besitzt und daß jede Ebene der Komplexität ihre eigenen Eigenschaften, Relationen und Gesetze hat. Hier wird keine weitere Aussage gemacht über das Zustandekommen der neuen Eigenschaften, bzw. es wird offen gelassen, ob diese durch die Mikroeigenschaften auf der tieferen Stufe erklärbar sind. Eine *starke Emergenzaussage* besteht darin, daß die einzelnen Schichten Eigenschaften haben, die in dem

---

[11] K. Lorenz: Die Rückseite des Spiegels, München 1973, S. 49.

Sinne selbständig sind, daß sie weder durch kausale noch durch statistische zwischenschichtliche Koppelungsgesetze erklärbar sind. Der ältere Vitalismus arbeitete mit einer solchen starken Emergenz, der Lebenskraft oder dem elan vital, wobei die lebendige Substanz von der unbelebten in einem solchen absoluten Sinne getrennt wurde, daß die Lebenskraft selbst nicht als Ergebnis der Wirkung von einer strukturierten Menge von Elementen auf einer tieferen Ebene zu denken war. Bei der Verwendung der Emergenz in beiderlei Sinn ist das Ebenenverhältnis asymmetrisch geordnet. Die gesamte Gruppe der Schichten läßt sich nach dem Komplexitätsrang ordnen, und die Dynamik der Evolution gibt im allgemeinen das Verhältnis der höheren zu den tieferen Schichten an, d. h. sie drückt aus, in welcher zeitlichen Reihenfolge die einzelnen ontologischen Ebenen in der Natur aufgetaucht sind[12].

III.

Nachdem wir die beiden Schlüsselbegriffe der Emergenz und der Reduktion umrissen haben, können wir zum Thema der Einheit der Wissenschaft zurückkehren. Die entscheidende Frage läßt sich so formulieren: Auf welche Weise kann man eine einheitstiftende Funktion zwischen den anscheinend so verschiedenen Wissenschaftszweigen etablieren? Wir wollen versuchen, die Begriffe der Einheitlichkeit nach ihrer Stärke zu ordnen, also eine komparative Skala einzuführen.

1. Die Einheit der Wissenschaft besteht im *gemeinsamen Objekt*. Alle Disziplinen studieren einen Aspekt der Natur, wobei dieser Term auch jene Gegenstände umgreift, die von den hochorganisierten Elementen künstlich hergestellt sind. Nun stiftet diese Aussage zweifellos eine Einheit in einem sehr schwachen Sinne. Sie behauptet eigentlich nur, daß jede Disziplin von einer nichtleeren Menge von Objekten handelt. Überdies werden Zweifel laut werden, ob sich in einem nichttrivialen Sinne das Phänomen des Bewußtseins und die Produkte desselben noch unter den Ausdruck „Natur" subsumieren lassen[13]. Man sollte in bezug auf diese

---

[12] Für einen axiomatisierten Begriff der „Ebene" vgl. M. Bunge: The Metaphysics, Epistemology and Methodology of Levels, in: Method, Model and Matter. Dordrecht 1973, S. 160.

[13] Wenn die Klassifikation aller Objekte in natürliche und künstliche überhaupt einen Sinn haben soll, muß es einige Elemente der Bezugsmenge der Wissenschaft geben, die nicht unter die ersten fallen. Nun ist das Bewußtsein zweifellos eine evolutionär zustandegekommene Eigenschaft eines Teils der organischen Materie. Seine Produkte aber, wie z. B. die mathematischen Objekte, wie natür-

Einteilung immer trennen zwischen dem Subjekt als aktivem Erkenntnisvermögen und dem Subjekt als organischem Bewußtseinsträger. Für einen Reduktionisten im strengen Sinne wird es selbstverständlich sein, das Subjekt im zweiten Sinne in die materielle Natur mit einzubegreifen; er wird das Subjekt im ersten Sinne nur als eine spezielle Funktion, als eine Tätigkeit dieses Stückes organischer Materie betrachten, während der Emergentist gerade die selbständige Eigenart der vom Subjekt erzeugten begrifflichen Objekte betonen wird, die von grundsätzlich anderer Art ist als die stofflichen. Darauf werden wir später noch zurückkommen. Ein weiteres Problem entsteht bei diesem Verständnis der einheitstiftenden Funktion in bezug auf die mathematischen Objekte. Wenn man sich nicht auf einen nominalistischen oder konzeptualistischen Standpunkt zurückzieht, wie wir das eben implizit vorausgesetzt haben, bleibt die Frage bestehen, wie man formale Objekte in den Gesamtbereich der Wirklichkeit einordnet. Man müßte sie schon für platonische Wesen halten, die durch den Prozeß der Emergenz im schwachen Sinne entstanden sind. Läßt sich dies vielleicht mit den Formalobjekten noch durchhalten, so gerät man vollends in Schwierigkeiten, wenn es um die Theologie als Wissenschaft geht, deren Bezugsbereich als Klasse der transzendenten Objekte beschrieben werden kann. Ohne die Ursprungsintention der Theologie völlig zu verzerren, kann man die metaphysischen Objekte nicht als in irgendeinem Sinne den stofflichen nebengeordnet oder aus ihnen hervorgegangen ansehen.

2. Eine weitere Möglichkeit, die Einheit der Wissenschaft zu fördern, besteht darin, ein *gemeinsames Ziel* zu fokussieren, z. B. daß sie alle verfügbaren Fakten ökonomisch einfach, aber vollständig beschreiben soll. Das Ziel muß keineswegs auf diesen *Kirchhoff-Mach*schen Deskriptivismus fixiert werden, bei dem der Endzustand der Wissenschaft in einer universalen Zustandsmatrix besteht, in der alle Ereignisse säuberlich aufgezeigt sind, aber jedenfalls ist eine Zeitlang dieses Ziel als Leitidee der Wissenschaft vertreten worden. Selbstredend bleibt bei diesem extremen Deskriptivismus die nomische Strukturierung der Ereignismengen völlig unerkannt, aber es läßt sich ohne weiteres auch ein stärkeres Ziel angeben, das etwa den Aufweis der Gesetzesmuster mit einschließt. Danach wäre es denn das einheitliche Ziel der Wissenschaft, in allen Bereichen jeweils nach gesetzesartigen Aussagen zu streben, die universell gültige Erklä-

---

liche Zahlen, topologische Räume, transzendente Funktionen, müßte man, um die Prädizierung von „natürlich" nicht trivial zu machen, aus dem obigen Gegenstandsbereich herausnehmen.

rungen ermöglichen. Aber auch dies, wie man sieht, stiftet nur einen sehr losen Zusammenhang zwischen den einzelnen Disziplinen. Widersprechen würden dem nur etwa eine rein erzählende Aufgabe der Geschichtswissenschaft oder auch ein reiner Deskriptivismus in der Soziologie, die nicht danach strebten, dynamische Zusammenhänge in der historischen oder gesellschaftlichen Realität zu finden und damit aus der Einheit herausfielen.

In jedem Fall ist aber diese zweite einheitstiftende Funktion doch schon etwas inhaltsreicher als die erste, welche kaum der Trivialität entgehen kann. Man kann sich dies auch auf folgende Weise veranschaulichen: Negiert man (1), bedeutet dies nur, daß die Wissenschaften nicht über einen einheitlichen Bereich sprechen; verneint man (2), heißt dies, daß es kein gemeinsames Ziel gibt, dem alle Disziplinen entgegenstreben.

3. In einem anderen Sinne läßt sich die Einheit in einer *gemeinsamen Sprache* finden, in der die Ergebnisse der Wissenschaften formuliert werden. Darunter kann natürlich nicht eine der natürlich gewachsenen Sprachen verstanden werden, sondern eine Sprache, die nach dem Typ der einschlägigen Prädikate definiert ist, die in ihr wesentlich vorkommen. Als solche sind denkbar: a) die Sinnesdatensprache, die dem Sensualismus als erkenntnistheoretischer Richtung verpflichtet ist, b) die Beobachtungssprache, die dem Empirismus nahesteht und c) die mathematische Sprache, die einen platonischen Gebrauch von numerischen Größen macht und dem Pythagoreismus in einiger Beziehung gleicht. Diesen Typ von Einheit hatten u. a. *Neurath, Carnap* und die anderen Befürworter des unity of science movement im Sinn. Danach muß die Einheitssprache zwei Forderungen erfüllen, und zwar die Intersubjektivität und die Universalität. Die Einheitssprache der Wissenschaft muß für alle verständlich sein und überdies so reich in den Prädikaten und Relationen, daß alle Inhalte vollständig ausdrückbar sind.

Im Rahmen des Wiener Kreises wurde vor allem die empiristische Universalsprache befürwortet, die so aufgebaut ist, daß sie nur persönliche Konstatierungen enthält. Daneben wurde auch der Physikalismus vertreten, der eine rein quantitative Sprache gebraucht, die nur metrische Begriffe enthält. Der gelegentlich vertretene Reismus, der auf *Kotarbinski* zurückgeht, verwendet eine Dingsprache, die neben metrischen auch qualitative Begriffe zuläßt, aber nur beobachtbare Prädikate und Relationen. Insgesamt zeigte sich dieses Programm der Universalsprache als zu eng; es war der Problematik der theoretischen Begriffe und der verborgenen Größen nicht gewachsen. Das Projekt der Einheitssprache scheiterte vor allem an der Universalitätsforderung. Eine rein physikalistische bzw. behavioristische Definition z. B. der psychologischen Grundbegriffe erwies sich als unmöglich. Es war nicht durchführbar, einen psychologischen Satz von der Form „X ist jetzt zornig" durch eine endliche Konjunktion von Aussagen über physische Reaktionen zu ersetzen. Abgesehen von diesen Schwierigkeiten wäre selbst dann, wenn dieses Projekt Erfolg gehabt hätte, die Einheitlichkeit der Sprache doch eine ziemlich schwache Gemeinsamkeit aller Wissenschaften, die die Inhalte und die materialen Abhängigkeiten der einzelnen Gegenstandsbereiche nicht im mindesten berührt.

Die Verwendung einer mathematischen Einheitssprache, mithin die Ausdrückbarkeit aller physikalischen Relationen und Prädikate mit Hilfe von mathematischen Objekten, wurde nur innerhalb der Physik tatsächlich angestrebt. Das bekannteste Beispiel stellt hier *Eddingtons* Fundamentaltheorie dar, die versucht, aus einem apriorischen Rahmen Gesetze und sonst nur als empirisch bekannte Konstanten, wie die Feinstrukturkonstante, abzuleiten. In gewissem Sinne kann auch *Heisenbergs* Spätprogramm einer einheitlichen Theorie der Elementarteilchen in diesem Rahmen gesehen werden, obwohl auch er den Pythagoreismus nicht wirklich durchhalten kann. Es zeigt sich bei näherem Hinsehen, daß sein Verweis auf das platonische Vorbild bei der Festlegung der Rolle der Symmetriebegriffe nur heuristischen Charakter besitzt und daß die Symmetriegruppen die gleiche epistemische Funktion erfüllen wie in den älteren physikalischen Theorien auch.

4. Die Einheit der Wissenschaft besteht in der *gemeinsamen Methode*. Zuerst sollte man einmal zwei Begriffe trennen[14]: Es gibt bestimmte Verfahrensweisen, die man am besten mit dem Ausdruck „*Taktiken*" bezeichnet und die verschiedenen Fächern zu eigen sind. Auf diese Weise kann man etwa die Astrophysik von der Geschichtswissenschaft trennen, denn keineswegs werden beide etwa die Radioteleskopie zur Gewinnung des empirischen Materials verwenden. Es können zwar gelegentlich Übergriffe in der Verwendung von Taktiken vorkommen, etwa wenn die Radio-Karbon-Methode zur Datierung alter Schriften verwendet wird, aber im allgemeinen ist es doch so, daß eine Einzelwissenschaft durch einen bestimmten Typ von Verfahren gekennzeichnet ist, mit denen ihre Gesetze getestet werden, und hier läßt sich zweifellos ein Artunterschied zwischen Geistes- und Naturwissenschaft erkennen. Von der Taktik streng unterscheiden sollte man die wissenschaftliche *Methode* ganz all-

---

[14] M. Bunge: Scientific Research I, New York 1967, S. 8 ff.

gemein, welche nicht durch objektspezifische, empirische Praktiken gekennzeichnet ist. Sie umfaßt alles das, was die Erkenntnisstrategien der verschiedenen Objektklassen an Gemeinsamkeiten besitzen. Von *Popper* ist diese Methodik in abgekürzter Weise folgendermaßen skizziert worden[15]: $P_1 \rightarrow TT \rightarrow EE \rightarrow P_2$, wobei hier P_1 für „erstes Problem" steht, *TT* für „tentative theory" und *EE* für „error elimination", P_2 für „zweites Problem". Im Klartext soll dies bedeuten: Überall entstehen aus dem vorwissenschaftlichen Bereich Probleme, auf die mittels testbarer Hypothesen dann eine im Vorwissen logisch verankerte Antwort gegeben werden soll. Sollte sich herausstellen, daß diese Antwort selber nicht testbar ist, dann kann zumindest im allgemeinen eine logische Konsequenz ausgearbeitet werden, die ihrerseits prüfbar ist. Anschließend müssen die Testanordnungen, die man zur Prüfung zuläßt, erfunden, dann aber auch geeicht werden, d. h. auf ihre Verläßlichkeit geprüft werden. Ist das geschehen, müssen die damit erhaltenen Resultate bezüglich ihres Wahrheitsanspruches ausgewertet werden; jeweils im positiven oder im negativen, d. h. im Bestätigungs- bzw. Falsifikationsfall wird aus der getesteten Hypothese ein neues Problem P_2 auftauchen. Diese in Kurzform geschilderte Methode kann als gemeinschaftliches Eigentum aller Wissenschaften angesehen werden. Sie überschreitet auch den Hiatus von Geistes- und Naturwissenschaft. Als Alternative ist hier nur ein Verfahren denkbar, das etwa auf intuitive Weise unmittelbar mit einer Klasse von Objekten in Kontakt treten zu können glaubt; aber bislang ist kein verläßliches Verfahren bekannt, das die eben geschilderte Strategie effektiv ablösen könnte. In bezug auf seine verbindende Kraft ist dieser Typ von Einheitlichkeit, der durch die gemeinsame Methode der Wissenschaft konstituiert wird, schon wesentlich bedeutsamer gegenüber den ersten drei genannten einheitstiftenden Funktionen, und es hat sich auch in den jüngsten Konvergenztrends der methodischen Untersuchungen[16] gezeigt, daß diese Minimalstrategie des hypothetisch-deduktiven Verfahrens fast universell angenommen wird. So kann man sagen, daß die Wissenschaft auf dieser Ebene heute eine bestimmte Art von Einheitlichkeit effektiv schon besitzt. Allerdings geht aus der groben Skizze der Gemeinschaftsmethodologie auch hervor, daß es wirklich nur sehr allgemeine Verfahrensweisen sind, die den graduell bis jetzt stärksten Zusammenhalt unter der „scientific community" stiften. Wesentlich interessanter allerdings ist

---

[15] K. R. Popper: Objective Knowledge. Oxford 1972, S. 287.
[16] Vgl. W. Stegmüller: Hauptströmungen der Gegenwartsphilosophie II. Stuttgart 1975, S. 86.

noch der nächste Typ von Einheitlichkeit, der durch Rekurs auf die materialen Inhalte begründet wird.

5. Die Einheitlichkeit der Wissenschaft besteht in der *Fundamentalität einer bestimmten Klasse von Theorien*. Sie ist damit durch die Reduktion auf eine bestimmte Art von Wissenschaft zu erreichen. Rein von der logischen Möglichkeit her ist es natürlich denkbar, daß jede Einzeldisziplin Fundamentalwissenschaft werden könnte. Jedoch ist es höchst unglaubwürdig, daß eine Teildisziplin, etwa Byzantinistik oder Paläomagnetismus, tatsächlich die Basis abgeben könnte, woraus man ersieht, daß die Forschung schon ein bestimmtes ontologisches Vorverständnis für die korrekte Wiedergabe der Hierarchie besitzt: Keine dieser Spezialdisziplinen wird effektiv in Betracht gezogen.

Man kann zwei große reduktionistische Trends unterscheiden: eine Aufwärts- und eine Abwärtsreduktion. Sie fallen angenähert mit zwei klassischen Positionen der Erkenntnistheorie zusammen, nämlich dem Materialismus und dem Spiritualismus. Ist das zukünftige Fundament aller Wissenschaften die Physik, beherrschen deren Gesetze die Gesamtheit der Realität in einem gleich zu explizierenden Sinne, dann hat der Materialismus Recht behalten. Ist die zukünftige Fundamentalwissenschaft die Psychologie, so läuft dies auf die klassische Position des Spiritualismus hinaus. Zweifellos ist diese fünfte Einheitsfunktion mit der stärksten bisher behandelten Behauptung verbunden, und hier tritt die Reduktionsfrage explizit zutage.

Auf alle Fälle sollte man zwei Arten eines ontologischen Monismus unterscheiden. Beide Positionen sind im dogmatischen, aber auch im kritischen Sinne vertretbar. Entsprechend der hier vorgeschlagenen Grundhaltung sollten die beiden Alternativen nicht als Apriori-Forderungen verstanden werden, sondern als kontingente Thesen. Das Reduktionsproblem kann insofern nicht auf der philosophischen Ebene entschieden werden, sondern die einzelwissenschaftliche Forschung muß selber die Antwort auf die Frage geben, ob eine Einheit der Gesetze, von den psychologischen bis zu den physikalischen, effektiv in dem starken Sinne existiert, daß die Gesamtheit der übrigen Partialgesetze im Übergangsfeld zwischen den beiden Außenschichten von diesen ableitbar ist. In diesem Sinne verwendet kann der Reduktionismus in beiden Richtungen operieren, und seine Behauptung kann auch in beiden Richtungen falsch sein. Die Alternative wäre dann ein Emergentismus im starken Sinne, der eine unreduzierbare ontologische Schichtung der Wirklichkeit behauptet derart, daß die Schichten autonome Eigenschaften haben, die so selbständig sind, daß sie weder kausal noch statistisch aufeinander rückführbar sind. In diesem Falle gibt es also keine Erklärbarkeit von Gesetzen über die Grenzen der autonomen Ebenen hinweg, sondern höchstens die früher erwähnten nichtreduzierenden Zwischenschichtrelationen. Wir wollen versuchen, diese beiden Positionen im folgenden etwas schärfer zu fassen. Dabei ist zuerst darauf hinzuweisen, daß man einen Materialismus nicht mit der epistemischen Position des Realismus verwechseln sollte. Materialismus wird hier im Sinne einer *ontologischen* Behauptung der Fundamentalität einer bestimmten Wirklichkeitsschicht verwendet, während der Realismus eine *epistemische* These ist. Man sieht das daraus, daß der Realismus ohne weiteres auch vereinbar ist mit einem Immaterialismus, einer Position, die die Erkenntnisunabhängigkeit der äußeren Objekte betont, jedoch ihnen einen geistigen Charakter zuschreibt. Andererseits ist der Materialismus auch vereinbar mit einem Irrealismus, denn ein Solipsist könnte ohne weiteres für sich in Anspruch nehmen, das einzige materielle System zu sein.

Was wären nun etwa die Inhalte, die ein Materialist behaupten könnte, wenn eine physikalistische Reduktion im nomologischen Sinne der Einheit der Gesetze tatsächlich als geglückt zu betrachten wäre? Ein dynamischer kritischer Materialismus besteht danach in der ontologischen Hypothese der Fundamentalität der materialen Schicht und der grundsätzlichen Veränderbarkeit und Entwicklungsfähigkeit dieser Schicht derart, daß etwa folgendes gilt: 1. Diese einzige Welt umfaßt alle in Raum und Zeit lokalisierbaren Systeme, welche, wenn Masse vorhanden ist, Körper oder Teilchen, sonst aber Feld heißen; alle Objekte entstehen durch Zerlegung und Zusammensetzung der Elementarsysteme. 2. Veränderungen gehen vor sich derart, daß neue Systeme mit völlig andersartigen Eigenschaften und Gesetzen entstehen, wobei aber alle dynamischen Prozesse rational verfolgbar sind und logisch stetig ablaufen. Es wird also bei dieser Form des Materialismus eine Emergenz im schwachen Sinne verwendet. Dies ist durchaus auch vereinbar mit dem *Lorenz*schen Begriff der *Fulguration*, daß, wie er sagt, „schlagartig völlig neue Systemeigenschaften, die vorher nicht, und zwar auch nicht in Andeutungen vorhanden gewesen waren", entstehen[17]. Organismen sind materielle Systeme, die physikalisch-chemischen Gesetzen gehorchen, aber auch den emergenten Gesetzen, die die erklärbaren neuen organisch spezifischen Eigenschaften verknüpfen (z. B. Systeme mit Fließgleichgewicht und dissipative Mechanismen). 4. Der Geist ist eine Aktivität des zentralen Nervensystems; das Leib-Seele-

---

[17] K. Lorenz: Die Rückseite des Spiegels. a.a.O., S. 48.

Verhältnis wird entsprechend der Identitätsthese als zweifacher Aspekt derselben Prozesse gesehen. Gesellschaft wird gefaßt als ein statistisches Ensemble von bewußten Organismen, wobei das stabile Durchschnittsverhalten der sozialen Determinanten und damit die Struktur der sozialen Realität durch die große Zahl der beteiligten Elemente erklärt wird. 5. Geschichte beschreibt die Dynamik, die zeitabhängige Veränderung der gesellschaftlichen Zustandsgrößen.

An negativen Aussagen wird ein kritischer Materialismus die Behauptung aufstellen müssen, daß es keine Art einer von der materiellen Schicht unabhängigen Geistsubstanz geben kann, ebenfalls keinen immateriellen Organismus.

Wir können selbstverständlich an dieser Stelle nicht die gegenwärtig geltenden Theorien der Einzelwissenschaften auf das Vorliegen oder Nichtvorliegen einer solchen ontologischen Grundhaltung hin untersuchen; das ist auch zum Teil Anliegen der fachwissenschaftlichen Beiträge dieses Buches. Aber zumindest sei noch auf ein inhaltliches Argument eingegangen, das infolge seines evolutionären Grundgedankens meines Erachtens thematisch besondere Beachtung verdient. Ein dynamischer Materialismus ist durch unser heutiges Wissen von der Entstehung der *Hierarchie der Strukturen* im Kosmos gewissermaßen suggeriert[18]. Die Elementarteilchen, seien es nun die beobachtbaren Hadronen oder ihre hypothetischen Bestandteile, Quarks oder Partonen, wie auch die nicht weiter zusammengesetzten Leptonen und das Photon, sind jedenfalls die einfachsten Einheiten, aus denen alle Dinge im Universum bestehen. Die vier Wechselwirkungen oder Kräfte, die wir kennen, zwingen den Aggregaten von Elementarteilchen bestimmte Formen auf. Die Sequenz der Strukturen reicht von den einzelnen Teilchen bis zu den Superhaufen der Galaxien. Wichtig für die Verbindung der einzelnen Strukturebenen ist nun, daß die Kräfte, die für die Strukturierung einer Schicht entscheidend sind, bestimmte Restkräfte zurücklassen, die sich bei der Organisation der Materie auf einer höheren Strukturebene auswirken. Die Nukleonen werden durch die starke Wechselwirkung zusammengehalten, um einen Kern zu bilden. Die elektrischen Kräfte sind ein schwaches Residuum der Wirkung des Kernes, sie halten die Elektronen auf den Orbitalen, beherrschen das Atom und bilden eine höhere Struktur. Aber die Elektronen gleichen die elektrischen Kräfte des Kerns nicht in jedem Ort aus, auch dann nicht, wenn sie gleich an der Zahl sind wie die Protonen. Die restlichen elektrischen Kräfte geben Anlaß für die chemische Bindung, die

---

[18] Vgl. u. a. J. Kleczek: The Universe. Dordrecht 1976, S. 127.

die Atome zu Molekülen zusammenbringt. Restliche elektromagnetische Kräfte der Moleküle (*Van-der-Waals*-Kräfte) organisieren diese in höhere Strukturen, und zwar Moleküle zu Kristallen, Kristalle zu Felsen, Meteoriten, Satelliten und kleinen Asteroiden. Mit der wachsenden Größe der Strukturen wächst auch die Rolle der schwächsten Wechselwirkung, der Gravitation, und wird zuletzt dominant. Große Satelliten, große Asteroide, Planeten, Sterne, Sternhaufen, Galaxien, Haufen von Galaxien sind ihr unterworfen.

Ein Ensemble von Teilchen bildet auf jeder strukturalen Ebene ein System. Es gibt eine große Mannigfaltigkeit von solchen Systemen, was die Größe und die Komplexität anbelangt. Ein Mensch ist viel kleiner, aber auch viel komplexer als ein Stern. Die Wechselwirkung und der Informationsaustausch zwischen den Zellen jedes Individuums durch Nerven und Hormone und zwischen dem Individuum und seiner biologischen Art durch genetische Boten ist sicherlich sehr kompliziert. Aber im Rahmen des hier geschilderten dynamischen Materialismus reduziert sich der Austausch auf elektromagnetische Wechselwirkung, und diese ist von derselben Art wie diejenige, die zwischen den Ionen und Elektronen in einem Stern herrscht. Aus dieser Sicht ist das Universum eine Einheit. Alles besteht aus ein paar Typen von Elementarteilchen, die durch vier Kräfte (bzw. fünf oder sechs, wenn man die superschwache und die superstarke mit einschließt) wechselwirken.

Diese maximal sechs Kräfte bestimmen, welche stabilen Strukturen es im Kosmos geben kann, von den Elementarteilchen über die Kerne zu den Meteoriten, Asteroiden, Planeten, Sternen und schließlich zu den Supergalaxien. Da in bestimmten Größenbereichen immer gewisse Kräfte dominant sind, legen diese fest, welche Masse hier existierende Objekte haben können. In einem Größe/Masse-Diagramm rangiert der Mensch im Universum an der gleichen Stelle wie ein Meteorit[19], wenn alle anderen Parameter, die einen Meteoriten von einem Menschen unterscheiden, radikal vernachlässigt werden. Dies bedeutet, daß die Einordnung des Menschen in dieses Diagramm, das nur zwei sehr grobe Parameter miteinander vergleicht, nicht etwa einen Beweis für die Naturalismusthese darstellt, sondern nur die Formulierung einer speziellen Reduktionshypothese anregen kann, die nicht nur das Masse/Größe-Verhältnis der stabilen Objekte, sondern auch die feineren Strukturmerkmale, die durch die oben vernachlässigten Parameter regiert werden, durch die Wechselwirkungen zu erklären versucht.

---

[19] Vgl. J. Kleczek: The Universe, a.a.O., S. 128.

Nach dem vorstehenden könnte es so aussehen, als wenn nur eine von den beiden möglichen Reduktionen, nämlich die physikalistische allein, vom gegenwärtigen Theorienbestand und vom Erfahrungsmaterial her eine Chance zur Realisierung hätte. Nun ergab sich aber gerade bei der Deutung und Axiomatisierung unserer gegenwärtig grundlegenden Materietheorie, nämlich der Quantenmechanik, eine erkenntnistheoretisch ausgesprochen gegenläufige Gedankenbewegung. Vor allem bei der Ausarbeitung des quantenmechanischen Meßprozesses, d. h. also bei der Anwendung der Quantenmechanik auf den Meßvorgang selber, wobei angenommen wird, daß nicht nur das Mikrosystem, sondern auch der messende Apparat selbst dieser Theorie unterworfen ist, wurde seitens der führenden Richtung in der Deutung der Quantenmechanik eine Erkenntnistheorie zugrunde gelegt, die letzten Endes in einem ausgeprägten Spiritualismus und damit einer Aufwärtsreduktion endete. Die Befürworter der orthodoxen Interpretation, vor allem *von Neumann, London* und *Bauer* sowie *Wigner*, versuchten zu zeigen, daß es unmöglich ist, die Gesetze der Quantenmechanik in einer völlig konsistenten Weise zu formulieren, ohne systematischen Bezug auf das Bewußtsein des Beobachters zu nehmen. Dies hatte die ältere Kopenhagener Interpretation oder Komplementaritätsdeutung von *Bohr* und *Heisenberg* zwar in Ansätzen auch mit aufgenommen: „The laws of nature, which we formulate mathematically in quantum theory, deal no longer with the particles themselves, but with our knowledge of the elementary particles[20]." Aber wegen ihrer Betonung der klassischen Meßbarkeit aller quantenmechanischen Größen war sie nur zu dem im obigen Zitat ausgedrückten epistemischen Holismus gezwungen, nicht aber zu dem Idealismus der orthodoxen Deuter. Ihre Argumentation geht davon aus, daß die Quantenmechanik aufgrund des Beobachterprinzips so formuliert wird, daß sie ausschließlich von Wahrscheinlichkeitsverknüpfungen zwischen aufeinander folgenden Sinneseindrücken handelt, d. h. also, daß die Objektbezugsmenge psychologischer Natur ist im Sinne von Apperzeptionen des Bewußtseins. *Von Neumann* hat speziell darauf hingewiesen[21], daß dieser Bezug auf das Bewußtsein unvermeidbar ist: Man kann zwar die Trennlinie zwischen dem Beobachter, dessen Bewußtsein beeinflußt wird, und dem beobachteten physikalischen Objekt in Richtung auf einen von diesen beiden in einem beträchtlichen Grade verschieben, aber das Bewußtsein kann nicht

---

[20] W. Heisenberg: The Representation of Nature in Contemporary Physics. Daedalus *87*, 1958, S. 99.

[21] J. von Neumann: Mathematische Grundlagen der Quantenmechanik, Berlin 1936, Kap. IV.

eliminiert werden, d. h. die Quantenmechanik kann nicht in einer beobach-
terfreien Weise formuliert werden als Theorie, die über atomare Mikroobjekte oder Quantonen läuft. Man muß sich klar darüber sein, daß in
den Kreisen der orthodoxen Interpreten diese Tatsache im ontologisch
wörtlichen Sinne verstanden worden ist derart, „that the very study of the
external world leads to the conclusion that the content of the consciousness is an ultimate reality"[22]. Gerade E. P. *Wigner* hat in einer detail-
lierten Analyse versucht, die ontologische Seite der Spiritualisierung des
Meßprozesses, die bei *von Neumann* noch relativ dunkel bleibt, explizit
zu machen. Er geht davon aus, daß das gesamte verfügbare Wissen über
das Objekt durch die Wellenfunktion gegeben ist. Sie liefert die Information, mit der das Verhalten der Objekte, soweit es überhaupt vorhersehbar ist, vorausgesagt werden kann. Die Wellenfunktion erlaubt eine
Voraussage, mit welchen Wahrscheinlichkeiten das Objekt diesen oder
einen anderen Sinneseindruck auf uns ausüben wird, wenn wir es mit uns
direkt oder indirekt wechselwirken lassen. Das Objekt kann ein Strah-
lungsfeld sein, und die Wellenfunktion wird uns sagen, mit welcher
Wahrscheinlichkeit wir einen Blitz sehen, wenn wir unsere Augen in eine
bestimmte Richtung lenken. Die Information, die die Wellenfunktion
enthält, ist natürlich mitteilbar. Wenn jemand anderer die Wellenfunktion
eines Systems bestimmt, dann können wir Information austauschen, und
entsprechend der Theorie werden die Wahrscheinlichkeiten für die möglichen verschiedenen Sinneseindrücke gleich sein. In diesem und nur in
diesem intersubjektivistischen Sinne kann man sagen, daß die Wellenfunktion existiert.

Wigner bringt ein Beispiel, das seinen Standpunkt verdeutlicht[23]: Man
nehme an, daß es eine Wechselwirkung gibt mit dem System, die nur
darin besteht, daß man auf einen bestimmten Punkt in einer bestimmten
Richtung zu den Zeiten t_0, $t_0 + 1$, $t_0 + 2$ hinsieht. Die möglichen Eindrücke
sollen nur darin bestehen, entweder einen Lichtblitz zu sehen oder nicht
zu sehen. Ein relevantes Naturgesetz hätte dabei die Form: Wenn du zur
Zeit t einen Blitz siehst, wirst du zur Zeit $t + 1$ mit einer Wahrscheinlichkeit von ¼ einen weiteren Blitz sehen, mit der Wahrscheinlichkeit von ¾
jedoch keinen Blitz. Wenn du keinen Blitz siehst, dann wird die nächste
Beobachtung einen Blitz mit der Wahrscheinlichkeit ¾ liefern, keinen
Blitz dagegen mit der Wahrscheinlichkeit ¼. Darüber hinaus gibt es keine
weiteren Wahrscheinlichkeitsverknüpfungen. Ein solches statistisches Ge-

---

[22] E. P. Wigner: Symmetries and Reflections. Indiana 1967, S. 172.
[23] E. P. Wigner, a.a.O., S. 175.

setz kann natürlich nur durch eine ausreichend lange Reihe von Beobachtungen gestützt oder widerlegt werden. Die Wellenfunktion hängt in einem solchen Fall nur von der letzten Beobachtung ab, und sie sei ψ_1, wenn bei der letzten Wechselwirkung ein Blitz gesehen wurde und ψ_2, wenn kein Blitz gesehen wurde. Im ersten Fall, das ist jetzt also für ψ_1, ergibt die Berechnung der Wahrscheinlichkeiten für Blitz oder keinen Blitz nach der Zeiteinheit den Wert $1/4$ und $3/4$, für ψ_2 müssen diese Wahrscheinlichkeiten $3/4$ und $1/4$ sein. Die Mitteilbarkeit der Information bedeutet in dem zitierten Beispiel, daß, wenn jemand anderer zur Zeit t hingesehen hat und uns sagt, daß er einen Blitz sah, wir zur Zeit $t+1$ eine Beobachtung machen können, und zwar mit der gleichen Wahrscheinlichkeit, als wenn wir selbst zur Zeit t den Blitz gesehen oder nicht gesehen hätten. Zur Feststellung der Wellenfunktion ψ_1 und ψ_2 sind also die Beobachter austauschbar. Die Situation in dem geschilderten Beispiel ist natürlich extrem einfach, aber sie zeigt das Wesentliche der quantenmechanischen Denkweise in der orthodoxen empiristischen Diktion. Der Sinneseindruck, den man bei einer Wechselwirkung erhält, verändert im allgemeinen die Wahrscheinlichkeiten, mit denen man die verschiedenen möglichen Eindrücke zu später erfolgenden Wechselwirkungen erhält. Das Resultat der Beobachtung verändert also die Wellenfunktion des Systems. Die veränderte Wellenfunktion ist im allgemeinen unvorhersehbar, ehe nicht der Eindruck, den man bei der Wechselwirkung erhält, in das Bewußtsein eingedrungen ist. Dies ist gewissermaßen eine Schlüsselstellung der Argumentation der orthodoxen Deutung: „It is the entering of an impression into our consciousness which alters the wave function, because it modifies our appraisal of the probabilities for different impressions which we expect to receive in the future. It is at this point that the consciousness enters the theory unavoidably and unalterably[24]."

Eine interessante Situation tritt auf, wenn man die Beobachtung nicht selber macht, sondern sie von jemand anderem durchführen läßt. Dann entsteht das berühmte Paradoxon des „*Wigner*schen Freundes". Von welcher Art ist die Wellenfunktion, wenn mein Freund an den Ort hinsieht, wo der Blitz sich zur Zeit t zeigen könnte? Die Quantenmechanik liefert die Antwort, daß die Information, die über das Objekt zur Verfügung steht, nicht durch eine Wellenfunktion beschrieben werden kann. Man kann eine Wellenfunktion nur dem Gesamtsystem (Freund + Objekt) zuweisen, und dieses gemeinschaftliche System hat auch eine Wellenfunktion nach der Wechselwirkung, d. h. nachdem der Freund seine Be-

---

[24] E. P. Wigner, a.a.O., S. 176.

obachtung gemacht hat. Ich kann in dieses gemeinschaftliche System nur eintreten, indem ich meinen Freund frage, ob er einen Blitz gesehen hat. Wenn mein Freund mit „ja" antwortet, zerspaltet sich die gemeinschaftliche Wellenfunktion von Freund und Objekt in Einzelfunktionen, und das System nimmt die Wellenfunktion ψ_1 an; wenn er „nein" sagt, erhält das Objekt den Zustand ψ_2. Der entscheidende Schluß nun, den *Wigner* und die gesamte subjektivistische Erkenntnisrichtung hieraus ziehen, ist der, daß die typische Veränderung der Wellenfunktion dann und nur dann eintritt, wenn die Information, das „ja" oder „nein" meines Freundes, in mein Bewußtsein eindringt, d. h. also, daß die quantenmechanische Beschreibung von Objekten wesentlich mitkonstituiert wird durch den Eindruck, den dieses Objekt in *meinem* Bewußtsein hervorruft. *Wigner* zieht dann auch den zugehörigen massiven ontologischen Schluß: „Solipsism may be logically consistent with present quantum mechanics, monism in the sense of materialism is not[25]."

Wir wollen hier nur am Rande erwähnen, daß dieser Art der Deutung des quantenmechanischen Meßprozesses selbstredend auch von anderer erkenntnistheoretischer Seite her widersprochen worden ist. Vor allem sind vom Standpunkt des semantischen Realismus aus neue Axiomatisierungen der Quantenmechanik entworfen worden, welche schon von vornherein in der Formulierung der Quantenmechanik ohne das Beobachterprinzip und ohne Projektionspostulat auskommen und wo dann auch der Meßprozeß eine Anwendung dieser objektivistisch formulierten Quantenmechanik ist[26].

Wir verfolgen jedoch diese Gedankenrichtung nicht weiter, da es uns hier in erster Linie darum ging, ein Beispiel für eine mögliche anders geartete Reduktionsrichtung aufzuzeigen, bei der nicht die materielle Substanz mit ihrer Gesetzesstruktur fundamentalen Charakter besitzt und somit die Rolle der begründenden Schicht übernimmt, sondern die Erklärungsrichtung sich gerade umgekehrt hat und ein spiritueller Fundamentalismus die Gesamtheit der wissenschaftlichen Disziplinen trägt.

Es gibt noch einen zweiten Ideenstrang, der die Physik, als Fundamentalwissenschaft aufgefaßt, in eine ähnliche spiritualistische Richtung zwingen will. Er besteht in einer Fortsetzung der pythagoreisch-platonischen Tradition, eine Materietheorie zu entwickeln, bei der mathematische Objekte eine ontologische Bedeutung bekommen. Die theoretische Urform eines solchen Entwurfes ist *Platons* Materieauffassung, bei der

---

[25] E. P. Wigner, a.a.O., ebd.
[26] Vgl. M. Bunge: Foundations of Physics. New York 1967, S. 235.

nichträumliche (2-dimensionale mathematische) Objekte die physikalische Körperwelt konstituieren sollen. *Platon* verwendet zwar die Lehre des *Empedokles* von den vier Elementen, prägt sie aber um, indem er sie mit der mathematischen Entdeckung des *Theaitet* in Verbindung bringt, daß es nur fünf reguläre konvexe Polyeder gibt. Jedes der Elemente wird mit einem der idealen Körper verknüpft, wobei allerdings der Dodekaeder ungenützt bleibt und der Sphäre das Weltganze zugeordnet wird. Mit Ausnahme des Dodekaeder, der sich ja aus Fünfecken zusammensetzt, lassen sich alle Vielflächner aus zwei Arten von Dreiecken konstituieren, die es *Platon* erlauben, auch bestimmte chemische Übergangsgleichungen zu formulieren, welche sogar so etwas wie Erhaltungssätzen genügen. *Heisenberg* hat explizit auf die Analogie dieser Auffassung zu der in der heutigen Teilchenphysik verbreiteten hingewiesen. Nicht die atomistische Vorstellung, die mit letzten Bausteinen der Materie arbeitet, welche die unteilbaren Konstituenten bilden, ist der gegenwärtigen Situation in der Hochenergiephysik angemessen, sondern die idealistische Philosophie *Platons* kann insofern Leitidee der Theorienkonstruktion beim Aufbau der Materie sein, als die Teilchen der heutigen Physik Darstellungen von Symmetriegruppen sind, wie es die Quantentheorie sagt, und darin den symmetrischen Körpern des *Timaios* gleichen[27]. Es ist nicht uninteressant zu bemerken, daß nicht nur vom *Heisenberg*-Programm des Aufbaus der Materie her, das als Ursubstanz ja ein „abstraktes" Materiefeld verwendet, eine pythagoreische Konstitution der Materie angesteuert wurde, sondern auch die konkurrierende atomistische Quark-Theorie zu einem ähnlichen Mathematisierungsgedanken kommt. *Kantorovich* hat auf den Zusammenhang hingewiesen, daß Quarks in der Theorie der Stromalgebren als rein mathematische Entitäten aufgefaßt werden, womit der Aufbau der Materie offenbar methodologisch gleich wie bei *Platon* von der unsichtbaren, rein geistigen, vom Menschen erfundenen mathematischen Welt her erfolgt[28]. Wenn Quarks nun mathematische Objekte sind, dann pflanzt sich diese Eigenschaft auf die aus ihnen zusammengesetzten stark wechselwirkenden Bausteine der Materie fort. In diesem Sinne könnte man dieses Reduktionsprogramm, die Hadronen aus Darstellungen der SU(3)-Gruppe zu konstituieren, als spiritualistisches Vorhaben ansehen, solange zumindest, wie man mathematischen Objekten nicht irgendeine andere als die konzeptualistische Existenzweise zuschreibt.

---

[27] W. Heisenberg: Was ist ein Elementarteilchen? Die Naturwissenschaften, Jan. 1976, S. 5.

[28] A. Kantorovich: Structure of Hadron Matter: Hierarchy, Democracy or Potentiality. Found. Phys. *3*, 3 (1973), S. 337.

Wir wollen hier nicht auf die Kritik dieser Auffassung eingehen[29], aber rein semantisch ist eine solche Auffassung natürlich undurchführbar. Reine mathematische Formalismen müssen durch Angabe von Bedeutung und Objektklasse interpretiert werden. Erst die Designation der Terme und die Referenz zu dem nichtformalen physikalischen Bereich macht aus einer abstrakten mathematischen eine konkrete physikalische Theorie. Dabei muß die Existenz einer materialen und nicht abstrakten Menge von Objekten vorausgesetzt werden. Symmetrien können also innerhalb einer physikalischen Theorie immer nur eine epistemische Rolle spielen. Ontologisch konstitutiv können nur das Materiefeld oder die Quarkbausteine selbst sein, je nachdem, welche von den beiden Richtungen man einhält.

IV.

Einen Paradefall in der Reduktionsdiskussion stellt die Anwendbarkeit der Quantenmechanik auf das Phänomen des Lebens dar. Die gegenwärtig am meisten befürwortete Theorie der Entstehung des Universums ist die heiße big bang-Kosmogonie; es wird selten darauf hingewiesen, daß hier doch anscheinend ein thermodynamisches Paradoxon vorliegt. Ob nun aus einem chaotischen oder aus einem homogenen heißen Hadronengas, jedenfalls entstehen in der Geschichte des Universums von selber differenzierte Strukturen wie Atomkerne, Sterne und Galaxien. Dieser Prozeß steht durchaus im Widerspruch mit unserer Alltagserfahrung. Überall sehen wir, daß thermodynamische Prozesse nicht zum Aufbau, sondern zum Abbau von Strukturen führen. Wenn wir in unserer Umgebung mit viel Mühe ein System mit sehr niedriger Entropie herstellen, so stellen wir fest, daß dieses System nach einiger Zeit in einen weniger geordneten Zustand übergegangen ist. Große Wärmeunterschiede gleichen sich aus, Bewegungen kommen, ausgenommen in der Himmelsmechanik, bald zum Stillstand. Die Selbstorganisation der Materie in immer höhere Materiekomplexe scheint also der Thermodynamik zu widersprechen. Es war das Hauptziel der sogenannten Belgischen Schule um *Prigogine*, die Bedingungen zu studieren, unter denen dissipative, d. h. also Entropie erzeugende Prozesse Strukturen hervorrufen, anstatt sie zu zerstören. Nun wußte man schon lange, daß biologische Organismen offene Systeme sind, die nicht durch mechanische Gleichungen, die für die Materie im Gleichgewicht gelten, beschrieben werden können. Deshalb war es natür-

---

[29] Vgl. B. Kanitscheider: Die Stellung des Menschen in der Natur. In: G. Dautzenberg u. a. (Hrsg.): Theologie und Menschenbild, Frankfurt/M. 1978, S. 211 - 242.

lich sinnvoll, danach zu suchen, ob es nicht eine statistische Quantenmechanik gäbe, die weit entfernt vom Gleichgewichtszustand gilt, um auf diese Weise einige Züge von lebendigen Organismen einzufangen. Eine ihrer wesentlichen Eigenschaften ist ja, daß diese Systeme mit der äußeren Welt wechselwirken und aus diesem Grunde erheblich vom Gleichgewicht abweichen müssen. Deshalb versucht man, biologische Strukturen als offene chemische Systeme zu beschreiben, die jenseits der Stabilität des thermodynamischen Zweiges arbeiten[30]. Wesentlich ist, daß es einen Zustand der Materie gibt, der mit den organischen Eigenschaften in Zusamhang gebracht werden kann. Der neue dynamische Zustand der Materie wird durch einen Fluß von freier Energie beschrieben. Es wird eine Art neuer physikalischer Chemie auf einem supermolekularen Niveau eingeführt, wobei die Gesetze, die sich auf die molekulare Ebene beziehen, unverändert bleiben. Ein kohärentes Verhalten auf der supermolekularen Ebene entspricht dann einer Erweiterung der spezifischen molekularen, also quantenmechanischen Eigenschaften unter den genannten Ungleichgewichtsbedingungen. Eine bedeutsame Rolle, gerade im Falle von Systemen chemischer Instabilität, spielen die Randbedingungen. Das Auftreten von dissipativen Strukturen hängt stark von diesen ab. Es fragt sich dabei, inwieweit man hier noch davon sprechen kann, daß die Quantenmechanik tatsächlich eine einheitliche Beschreibung von unbelebter und lebendiger Natur liefert. *Prigogines* und *Glansdorffs* Ideen über die dynamische Dissipativität, Stabilität und Evolution von Strukturen im Rahmen der makroskopischen Anwendung der Quantenmechanik eröffnen gerade einen neuen Weg für das Verstehen biologischer Phänomene. Sie glauben, daß die Funktion der lebendigen Wesen durch denselben Unterraum des *Hilbert*-Raumes beschrieben werden kann, den man für das Meßinstrument verwendet. Der lebendige Beobachter wird also wie ein makroskopisches Meßgerät quantenmechanisch behandelt. *Prigogine* verwendet eine für uns thematisch wichtige Schichthierarchie der Natur: An der Spitze der physikalischen Beschreibung steht die Quantenmechanik selbst. Von ihr ausgehend erhält man zwei Ebenen der Beschreibung: die mikroskopische und die makroskopische. Für die letzte muß man wesentlich den Effekt der Dissipation mit in die Überlegungen einschließen, und dort hat man auch die Möglichkeit, thermodynamische Überlegungen anzustellen, hauptsächlich natürlich in bezug auf Gleich-

---

[30] Vgl. I. Prigogine, G. Nicolis und A. Babloyantz: Thermodynamics of Evolution. Physics Today, Nov./Dec. 1972, S. 23. „The destruction of order always prevails in the neighborhood of thermodynamic equilibrium. In contrast, *creation* of order may occur far from equilibrium" (a.a.O., S. 24).

gewichtssituationen. Gleichgewicht wird zwar stets von bestimmten Ungleichgewichtszuständen aus erreicht, aber es ist keineswegs so, daß immer nur Gleichgewichtszustände stabil sind. Manchmal sind auch Ungleichgewichtszustände dauerhaft, sie entsprechen dann dissipativen Strukturen. Diese beziehen sich gerade auf die primären Bedingungen des Lebens, zu denen z. B. die Bedingung der Reproduktion des genetischen Codes gehört. Dissipation führt also zu einer Organisation materieller Systeme in Raum und Zeit, und zwar einer Organisation, die zusammenbrechen würde, wenn man dem System erlauben würde, das Gleichgewicht zu erreichen. Die Vorbedingungen für das Leben sind nur erfüllt, wenn das System verschiedene, aufeinanderfolgende Instabilitäten durchlaufen kann. Unter den Befürwortern der Thermodynamik der Ungleichgewichtssysteme ist die Einschätzung der räumlichen Organisation verschieden. Manfred *Eigen* etwa, der im Grunde die gleiche Ausgangsposition in seiner Lebensentstehungstheorie einnimmt, legt keinen so großen Wert auf die räumliche Ordnung innerhalb des Systems wie *Prigogine*. In seiner Sicht hat sich das Leben aus der molekularen Unordnung zur organisierten Struktur entwickelt; aber die makroskopische räumliche Anordnung ist nicht so wesentlich für das Verständnis des Beginns der biologischen Selbstorganisation. Er betont weniger die anfängliche physikalische Organisation im Erfahrungsraum, sondern vor allem die funktionale Ordnung zwischen den außerordentlich komplexen Arten der chemischen Zusammensetzung innerhalb des makromolekularen Ausgangsmaterials. Man könnte sagen, daß für *Eigen* der Informationsraum wichtiger ist als die Organisation im physikalischen Raum. Beiden ist jedoch die Grundtendenz gemeinsam, daß das Leben ausschließlich durch physiko-chemische Prozesse erklärt werden kann. Die physiko-chemischen Gesetze fallen nun nicht einfach mit der mechanischen Erklärung von Naturprozessen zusammen, sondern es zeigt sich, daß gerade im Falle der Verwendung von offenen und dissipativen Systemen es jedenfalls noch ein Zusatzprinzip geben muß, das sich allerdings bei *Eigen* nicht grundsätzlich von anderen physikalischen Prinzipien unterscheidet.

Antithetisch steht hierzu der Standpunkt von *Bohr* und *Wigner*: *Wigner* glaubt, daß die Mechanik durch die physiko-chemischen Prozesse niemals den Zustand von jemandes Bewußtsein erklären kann. Gerade sein Beispiel des Freundes soll ja unter anderem zeigen, daß beim Meßprozeß ein introspektives Bewußtsein ganz anders wirkt als ein anorganisches Registriergerät. *Wigner* ist der Überzeugung, daß die Gleichungen der gegenwärtigen Quantenmechanik nicht in der Lage sind, den Zustand des

Geistes zu erfassen, und er hat zur Stützung dieser Behauptung ein scharfsinniges Argument herausgearbeitet: Einer der wichtigsten Züge eines lebendigen Wesens ist die *Selbstreproduktion*. *Wigner* hat nun versucht, aufgrund der gegenwärtigen Theorie die Wahrscheinlichkeit für die Existenz einer selbstreproduzierenden Entität abzuschätzen[31]. Durch folgende Überlegung kommt er dazu zu zeigen, daß die Wahrscheinlichkeit quantenmechanisch gesehen gleich Null ist, daß eine solche Einheit existiert. Wenn man den lebendigen Zustand im quantenmechanischen Sinne durch einen festen Zustandsvektor mit den Komponenten $v_\varkappa$ bezeichnet, dann muß der Nährstoff noch zumindest einen Zustand w enthalten, der dem Organismus die Vervielfältigung erlaubt. Vor der Vervielfältigung ist der Zustandsvektor von Organismus + Nahrung $\Phi = v \times w$. Nach der Multiplikation wird der Zustand $\psi = v \times v \times r$, d. h. zwei Organismen, jeder mit dem Zustandsvektor v, sind auf einmal anwesend. Der Vektor r beschreibt beides, den Rest des Systems, der den ausgeworfenen Teil der Nahrung enthält und auch die Lage und andere Koordinaten der beiden Organismen. In einem Koordinatensystem im Hilbert-Raum führt dies zu $\psi_{\varkappa\lambda\mu} = v_\varkappa \cdot v_\lambda \cdot r_\mu$. Die drei Indizes $\varkappa$, λ, μ beschreiben das Elternsystem, das Kindsystem und den Rest, nämlich den ausgestoßenen Teil der Nahrung. In demselben Koordinatensystem kann man die erste Gleichung schreiben: $\Phi_{\varkappa\lambda\mu} = v_\varkappa \cdot w_{\lambda\mu}$. *Wigner* verwendet nun zusätzlich zwei Annahmen, nämlich einerseits, daß die Dimension des zugrunde gelegten Raumes endlich ist, d. h. er ersetzt den *Hilbert*-Raum durch einen finitdimensionalen Darstellungsraum. Der Raum der Organismen soll N Dimensionen haben; der Raum, in dem der ausgestoßene Teil der Nahrung enthalten ist, soll R Dimensionen haben. Damit laufen $\varkappa$ und λ bis N und μ bis R. Die zweite, wesentlichere Annahme ist aber, daß die Stoßmatrix, die den Endzustand von der Wechselwirkung des Organismus mit der Nahrung beschreibt und die man mit S bezeichnet, eine Zufallsmatrix ist. Da sie Φ in ψ überführt, erhält man $v_\varkappa v_\lambda r_\mu = \sum_{\varkappa'\lambda'\mu'} S_{\varkappa\lambda\mu;\varkappa'\lambda'\mu'} v_{\varkappa'} w_{\lambda'\mu'}$. S beschreibt damit das Gesetz der Wechselwirkung zwischen jedem Zustand des Materials, das den Organismus ausmacht, und jedem Zustand des Materials, das die Nahrung abgibt. Das zentrale Problem besteht natürlich jetzt darin, ob die Matrix S überhaupt existiert, die den Übergang leistet. Man muß aus diesem Grunde fragen, ob es für ein gegebenes S im allgemeinen möglich ist, N Zahlen $v_\varkappa$ zu finden zusammen mit passend gewählten R Zahlen r_μ und $N \cdot R$ Zahlen $w_{\lambda\mu}$, die die Übergangsgleichung erfüllen. Diese Frage kann man entscheiden, in-

---

[31] E. P. Wigner: The Probability of the Existence of a Selfreproducing Unit. In: Symmetries and Reflections, a.a.O., S. 203 f.

dem man die Zahl der Gleichungen mit der Zahl der Unbekannten vergleicht. Dabei findet man nun, daß die Zahl der Unbekannten viel größer ist. Da die Übergangsgleichung gültig sein muß für jedes beliebige $\varkappa$, λ und μ, hat man tatsächlich $N^2 \cdot R$ komplexe und $2\,N^2 \cdot R$ reelle Gleichungen. Zwar gibt es verschiedene Identitäten zwischen diesen; aber N^2 ist eine riesige Zahl, und deswegen fallen diese nicht ins Gewicht. Nun gibt es N unbekannte v-Komponenten, r hat R und w hat $N \cdot R$ unbekannte Komponenten. Zusammen sind das also $N + R + NR$ komplexe oder zweimal so viele reelle Unbekannte, jedenfalls viel mehr als Gleichungen, „so daß es ein Wunder wäre, wenn die Übergangsgleichung erfüllt werden könnte"[32].

Manfred *Eigen* hat nun gerade die zentrale Annahme *Wigners*, nämlich, daß S tatsächlich eine Zufallsmatrix ist, kritisiert. Nur wenn man annimmt, daß die Wechselwirkung völlig uninstruiert vor sich geht derart, daß jeder Zustand nahezu unendlich unwahrscheinlich ist verglichen mit der großen Zahl der möglichen Zustände, kommt man zu *Wigners* Resultat. Nach *Eigen* sollte man aus diesem Zusammenhang eher einen anderen Schluß ziehen, nämlich, daß der spezielle Zustand der Materie, den wir Leben nennen, nicht durch eine Zufallsakkretion entstanden sein kann. Das Vorhandensein von Information auf der molekularen Ebene erfordert, daß die Transformationsmatrix S eine sehr spezielle Form hat, welche eine Anpassung der statistischen Mechanik an die speziellen Erfordernisse der Selektions- und Evolutionsprozesse nötig macht. Dies besagt aber nicht, daß die gegenwärtigen Gesetze und Begriffe der Quantenmechanik verändert werden müßten, ehe sie auf das Problem des Lebens angewandt werden können[33].

Im Gegensatz zu *Wigner* liefert *Eigens* Theorie einen geradezu ungeheuren reduktionistischen Prospekt: „The step from a single macromolecule to a catalytic hypercycle of a living cell is certainly less dramatic than the transition from the single cell to a selfconscious and intelligent human being. To understand the various steps involved in this transition will probably require just as little new physics, but as many further derivable concepts as were required for the first step[34]." Nirgendwo, glaube ich, kann man deutlicher als hier an der Frage der Gültigkeitsgrenze der Quantenmechanik für organische Makrosysteme die entgegen-

---

[32] E. P. Wigner, a.a.O., S. 205.

[33] M. Eigen: Selforganization of Matter and the Evolution of Biological Macromolecules. Die Naturwissenschaften, 1971, H. 10, S. 467.

[34] M. Eigen, a.a.O., S. 520.

gesetzten Reduktionsabsichten studieren. Auch *Wigner* hat sich das Ideal der Einheit der Wissenschaft zum Ziel gesetzt: Leben und Bewußtsein sollen zusammen mit den physikalischen Phänomenen Gegenstand einer neuen gemeinsamen Disziplin, einer neuen Einheitswissenschaft werden. Die Biologie der niederen Organismen tendiert mehr und mehr in Richtung auf eine physiko-chemische Erklärung. Diese Erklärungsweise dehnt sich auch auf Organismen mit Bewußtsein aus, wie wir an dem Zitat *Eigens* gesehen haben. Auf der anderen Seite handelt die Quantenmechanik, zumindest in der orthodoxen Deutung, von der Verknüpfung zwischen Beobachtungen, d. h. Bewußtseinsinhalten. Aus diesem Grunde ist es nach *Wigner* notwendig, eine vollständige und einheitliche Beschreibung des lebendigen Organismus von Biologie und Psychologie auf der einen Seite und von der Physik auf der anderen Seite zu erhalten. Die neue Einheitstheorie muß aber erst geschaffen werden, um den noch vorhandenen ontologischen Hiatus zu überbrücken, während in der *Eigen*-schen Auffassung dieser Hiatus überhaupt nicht existiert, sondern bereits gegenwärtig existierende Materietheorien völlig ausreichen, um das Einheitsziel anzupeilen. Sehr deutlich sieht man hier, daß es nicht einfach nur eine Sache der zukünftigen Forschung sein kann, eine Entscheidung zu treffen, sondern daß hier erkenntnistheoretische Positionen im Hintergrund die großen Forschungsrichtungen steuern.

V.

Zweifellos ist das Ziel der totalen Vereinheitlichung der Wissenschaften in der strengsten hier geschilderten Form, nämlich im Sinne der Einheit der Gesetze, momentan noch ein sehr utopisches, da nicht viel mehr als programmatische Versprechungen in dieser Richtung existieren. Vielleicht ist es aber doch sinnvoll, noch einen Blick auf die Vereinheitlichung im engeren Rahmen zu werfen, nämlich in jenen Bereich, wo sie nicht einfach nur Programmcharakter hat, sondern tatsächlich ausgearbeitete Einheitsentwürfe vorliegen, nämlich in der Physik selbst. Max *Planck* war es, der die Einheit des physikalischen Weltbildes am Beginn unseres Jahrhunderts zum Forschungsziel erklärt hat. Dabei macht er recht deutlich, daß hierbei nicht nur einfach eine praktische Synthese angestrebt werden soll, sondern daß die übergreifende Theorie einer allgemeinen Dynamik, die die beiden Gebiete Mechanik und Elektrodynamik (oder wie man damals sagte: die Physik der Materie und die Physik des Äthers) umgreifen sollte, auch zugleich das epistemologische Ziel der Objektivierung beinhaltete: „Die Signatur der ganzen bisherigen Entwicklung der theoretischen Physik ist eine Vereinheitlichung ihres Systems, welche erzielt ist durch eine gewisse Emanzipierung von den anthropomorphen Elementen, speziell der spezifischen Sinnesempfindungen[35]." In der Folge wurde das Ziel der Entwicklung einer allgemeinen Dynamik, welche die jeweils bekannten Wechselwirkungen und Kräfte völlig umfaßt, immer wieder angestrebt. Einer der frühen Versuche sollte im Rahmen einer einheitlichen Feldtheorie, die als Erweiterung der *Einsteinschen* Gravitationstheorie gedacht war, die beiden Wechselwirkungen der Gravitation und des Elektromagnetismus zusammenfassen. Als ideales Modellbild stand hier die Vereinheitlichung von Magnetismus und Elektrizität Pate, welche *Maxwell* in der Mitte des vorigen Jahrhunderts geglückt war. Die beiden Phänomenbereiche Elektrizität und Magnetismus, gekennzeichnet durch die Vektoren $\mathfrak{E}$ und $\mathfrak{H}$, sind auf solche Weise miteinander gekoppelt, daß die zeitliche Änderung eines $\mathfrak{E}$-Feldes ein $\mathfrak{H}$-Feld entstehen läßt und umgekehrt $\frac{\partial \mathfrak{H}}{\partial t} = - c \operatorname{rot} \mathfrak{E}$ und $\frac{\partial \mathfrak{E}}{\partial t} = c \operatorname{rot} \mathfrak{H}$, wozu noch die Randbedingungen $\operatorname{div} \mathfrak{H} = 0$ und $\operatorname{div} \mathfrak{E} = 0$ kommen.

Noch deutlicher tritt die Einheitlichkeit in der speziell relativistischen Schreibweise zutage, wo man durch Einführung des Faraday-Tensors $F_{\alpha\beta}$ in der Lage ist, die erste Gleichung samt Randbedingung auf die einfache Form

$$F_{\alpha\beta} = \begin{vmatrix} 0 & \mathfrak{E}_x & \mathfrak{E}_y & \mathfrak{E}_z \\ -\mathfrak{E}_x & 0 & -\mathfrak{H}_z & \mathfrak{H}_y \\ -\mathfrak{E}_y & \mathfrak{H}_z & 0 & -\mathfrak{H}_x \\ -\mathfrak{E}_z & -\mathfrak{H}_y & \mathfrak{H}_x & 0 \end{vmatrix} \qquad F_{\alpha\beta,\gamma} + F_{\gamma\alpha,\beta} + F_{\beta\gamma,\alpha} = 0$$

zu bringen. Hier existiert dann nur mehr die eine lorentzkovariante Größe F, die Kandidat für eine objektive Entität ist.

Die Situation komplizierte sich später wesentlich dadurch, daß man entdeckte, daß die Welt nicht bloß durch zwei fundamentale Kräfte, den Elektromagnetismus und die Gravitation, zusammengehalten wird, sondern daß es weitere Wechselwirkungen gibt, die allerdings nur im Reich des Kleinen wirken, die starke und die schwache Wechselwirkung. Aus diesem Grunde gerieten die Versuche des späten *Einstein*, eine die Quanten- und die Relativitätstheorie umfassende Struktur zu finden, etwas außer Sichtweite der allgemeinen Forschung[36]. Zuletzt arbeitete er mit einem übergreifenden Raum, dessen Struktur durch nichtsymmetrische

---

[35] M. Planck: Die Einheit des physikalischen Weltbildes. In: Wege zur physikalischen Erkenntnis. Leipzig 1944, S. 4 f.

[36] P. A. Schilpp (ed.): Albert Einstein: Philosopher Scientist. La Salle (Ill.) 1970 (3. ed.), S. 92.

Objekte des affinen Zusammenhangs gekennzeichnet ist: Wie beim symmetrischen Γ^i_{kl}-Feld, das aus der Gravitationsmetrik g_{ik} aufgebaut ist, läßt sich ein nichtsymmetrisches Analogon $g_{ik,\,l} - g_{sk}\,\Gamma^s_{il} - g_{is}\,\Gamma^s_{lk} = 0$ einführen. Der symmetrische bzw. antisymmetrische Teil der Metrik ergibt sich dann als gravitativer bzw. elektromagnetischer Teil der übergeordneten räumlichen Entität. Jedenfalls sind beide Vereinheitlichungen, die geglückte von *Maxwell* und die gescheiterte von *Einstein*, Beispiele echter partieller Reduktionen, wo anfangs getrennte Objektbereiche als Projektionen, somit als epistemische Verkürzungen eines übergreifenden physikalischen Systems erkannt worden sind bzw. worden wären.

Etwa ab Mitte der 50er Jahre jedoch wurde noch einmal *Einsteins* Idee in ungeahnter Weise aufgegriffen, und es schien lange Zeit so, als ob die Einheit der Physik auf dem Wege der Verwendung rein geometrischer Strukturen, und zwar sowohl besonderer metrischer als auch topologischer Qualitäten zustande käme und es gelingen müßte, jene allgemeine Dynamik zu finden, die die Eigenschaften der Materie von den Alltagszuständen bis in die Extremsituationen der Elementarteilchenphysik und des Gravitationskollapses beschreiben könnte. *Wheelers* Programm einer Geometrodynamik und später der Quantengeometrodynamik in der Superraumdarstellung schien bis etwa 1972 das großzügigste und hoffnungsvollste Unternehmen in dieser Richtung zu sein[37]. Ausgangsbasis war hierbei die „already unified field theory" von *Rainich*, die nach ihrer Neuentdeckung durch *Misner* eine rein geometrische Beschreibung von Gravitation und Elektromagnetismus im ladungsfreien Raum ermöglichte. Die Verwendung von mehrfach zusammenhängenden Räumen, Henkeln (Wurmlöchern) ermöglichte eine rein topologische Darstellung von Ladung und Masse. Gerade durch den dabei verwendeten ontologischen Monismus besitzt die Geometrodynamik alle Merkmale einer Einheitlichkeit, die diesmal aber nicht nur partiell, sondern total die klassische und die Quantenphysik verschmelzen wollte.

Erst dann zeigte sich, daß die Geometrodynamik mit einem Problem nicht fertig werden konnte, mit der Veränderlichkeit der Topologie. Die Zerreißungen von Raumzeitstellen, wie sie etwa in den letzten Phasen des Gravitationskollapses eintreten ebenso wie auch die dynamische Mikrotopologie, die bei der Elementarteilchendarstellung Verwendung findet, können durch das begriffliche Material der klassischen Differentialgeometrie nicht bewältigt werden. Deswegen ist J. A. *Wheeler* auf der

---

[37] J. A. Wheeler: Die Vision Einsteins. New York 1968.

Suche nach einer tieferen prägeometrischen Struktur[38], wobei aber momentan noch keine stabile Basis sichtbar ist. Weniger anspruchsvoll war von Anfang an das *Heisenberg*-Programm, unter Verwendung eines nichtlinearen Spinorfeldes mit Selbstwechselwirkung eine einheitliche Theorie der Elementarteilchen zu schaffen, weil hier von vornherein ein Element der Wechselwirkungshierarchie, die gravitative Makroebene, bei der Vereinheitlichung ausgeklammert wurde[39]. Zum gegenwärtigen Zeitpunkt ist *Heisenbergs* Idee etwas in den Hintergrund der Aufmerksamkeit der theoretischen Physik gerückt.

Von einer größeren Zahl vor allem an den experimentellen Phänomenen der Elementarteilchen orientierter Forscher wird ein Vereinheitlichungsweg befürwortet, der von einer Idee Hermann *Weyls* ausgeht und den wir wegen der Neuartigkeit und dem übersichtlichen Vereinheitlichungsvorgang kurz schildern wollen. Es ist der Gedanke des Eichfeldes, der heute in Richtung auf eine Vereinheitlichung der physikalischen Gesetze und Strukturen mit guten Erfolgsaussichten vorangetrieben wird. Der Grundgedanke ist folgender: Man weiß schon seit langem, daß das *Maxwell*feld der Elektrodynamik einer Eichsymmetrie genügt, die auf der Gruppe der Rotation in drei Richtungen aufgebaut ist. Das erste Ziel ist, die elektromagnetische und die schwache Wechselwirkung zu vereinheitlichen dadurch, daß man nach einer größeren Eichsymmetrie sucht, die das Photon, das Wechselwirkungsteilchen des Elektromagnetismus und das intermediäre Vektorboson, den Propagator der schwachen Wechselwirkung, zu einer einzigen Familie zusammenfügt. Dabei ist natürlich die Schwierigkeit vorhanden, daß das W-Boson, anders als das Photon, keine verschwindende Ruhemasse haben kann. Es war *Weinbergs* Idee, hier den Symmetriegedanken auf verschiedenen erkenntnistheoretischen Ebenen unterschiedlich zu behandeln. Die Symmetrieprinzipien, die die Formen der Feldgleichungen regieren, geben im allgemeinen Aufschluß über die Naturgesetze auf der tiefsten möglichen Ebene. Sein Gedanke war es, das Symmetrieprinzip auf der Gesetzesebene als gültig anzunehmen, aber ohne daß die Symmetrie bei den beobachteten Massen und den anderen empirischen Eigenschaften der physikalischen Teilchen in Erscheinung tritt. 1967 vermutete *Weinberg*, daß die schwache und die elektromagnetische Wechselwirkung durch eine gebrochene Eichsymme-

---

[38] Vgl. dazu B. Kanitscheider: Vom absoluten Raum zur dynamischen Geometrie. Mannheim 1976.

[39] W. Heisenberg: Die einheitliche Theorie der Elementarteilchen. München 1967.

triegruppe regiert werden. Die vorgeschlagene Gruppe enthält in sich die ungebrochene Eichsymmetriegruppe des Elektromagnetismus, und deshalb ist es erforderlich, daß das Photon verschwindende Masse hat. Aber die anderen Mitglieder der Photonenfamilie sind mit gebrochenen Symmetrien assoziiert und erhalten große Massen durch die Symmetriebrechung[40]. Zur Familie der Photonen gehören demnach ein positiv und ein negativ geladenes W-Boson (das W^+ und W^-) mit Massen von etwa 40 m_p und das neutrale Vektorboson, das Z-Teilchen, mit etwa 80 m_p. Besondere theoretische Bedeutung erlangte *Weinbergs* Ansatz, als es sich 1971 zeigte, daß eine gemeinschaftliche Eichtheorie für Elektromagnetismus und schwache Wechselwirkung renormierbar sei. Es erwies sich, daß die verschiedenen Vielteilchen-Wechselwirkungen zwischen Photonen, W^+, W^-, Z_o und anderen Teilchen sich so zusammensetzen, daß alle nichtrenormierbaren Unendlichkeiten herausfallen. Ein wesentlicher Schritt zur empirischen Verifizierung der neuen Einheitstheorie war die Entdeckung *neutraler schwacher Ströme*. Als geeigneter Prozeß zur Nachprüfung der Existenz neutraler Ströme erwies sich die elastische Myonneutrino-Elektron-Streuung $\nu_\mu + e^- \to \nu_\mu + e^-$; diese kann allein durch den Austausch eines neutralen Z_o-Teilchens zustande kommen. In der Feldtheorie ordnet man jedem Wechselwirkungsteilchen einen Strom als Partner zu, der es mit einem äußeren Teilchen verbindet. Das neutrale Photon γ koppelt mit dem neutralen elektromagnetischen Strom an ein Elektron an. Dabei wird die Ladung nicht verändert. Die geladenen W-Bosonen koppeln mit den konventionellen geladenen Strömen der schwachen Wechselwirkung an äußere Teilchen. Diese ändern bei diesem Vorgang aber ihre Ladung. Das Z_o-Boson muß nun ebenfalls mit einem schwachen Strom an ein äußeres Teilchen ankoppeln. Da es aber ungeladen ist, muß der zugehörige schwache Strom ein neutraler Strom sein. Der Nachweis der o. g. Reaktion ist damit gleichzeitig ein Beweis für die Existenz eines neutralen schwachen Stromes. 1972 wurde auf einem Blasenkammerbild des Kernforschungszentrums CERN ein solches Ereignis von dem Typ der elastischen Myonantineutrino-Elektron-Streuung $\bar{\nu}_\mu + e^- \to \bar{\nu}_\mu + e^-$ festgestellt. So kann dieser Teil der Vereinheitlichung der Physik als effektiv empirisch gestützt angesehen werden.

Indes geht der Vereinheitlichungsehrgeiz der Theoretiker noch weiter. Sie fragen natürlich, ob die starke Wechselwirkung in irgendeiner Weise in diese vereinheitlichte Eichsymmetriefeldtheorie mit eingeschlossen wer-

---

[40] S. Weinberg: Unified Theories of Elementary Particle Interaction. Scientific American, August 1974, S. 56.

den kann, und es gibt einige Gründe dafür, nach einer Beschreibung der starken Wechselwirkung in den Begriffen eines Eichfeldes zu suchen. Der wichtigste Grund hierfür ist, daß es für eine bestimmte Klasse von Theorien möglich ist zu beweisen, daß die starke und die elektromagnetische Wechselwirkung notwendigerweise die Rechts-Links-Symmetrie und auch die zwischen Materie und Antimaterie besitzen müssen, wie man es auch tatsächlich beobachtet, wohingegen ja die schwache Wechselwirkung die Parität und die CP-Symmetrie verletzt. Die Schwierigkeiten sind auf diesem Gebiet vor allem theoretischer Natur. Wesentlich war die Entdeckung einer Forschergruppe in Princeton, daß in bestimmten Eichfeldtheorien die effektive Stärke der starken Wechselwirkung bei einer gegebenen Energie in dem Maße abnimmt, wie die Energie steigt. Diese sogenannten asymptotisch freien Eichtheorien haben zu einigen kühnen Vermutungen geführt[41]. Wenn die effektive Wechselwirkungsstärke bei hohen Energien und kleinen Entfernungen klein wird, dann muß sie bei niedrigen Energien und großen Entfernungen groß werden. Dies könnte erklären, warum die normalen Elementarteilchen nicht so einfach in Quarks aufgebrochen werden können. Wenn man ein Quark von dem Rest des Teilchens entfernt, steigt die Kraft grenzenlos an. Vielleicht ist die Kraft der starken Wechselwirkung in Wahrheit von derselben Größenordnung wie die der schwachen und der elektromagnetischen und erscheint einfach nur stark, weil unsere gegenwärtigen Experimente bei relativ kleinen Energien und großen Entfernungen ausgeführt werden. Vielleicht werden die starken Wechselwirkungsprozesse tatsächlich durch den Austausch von Teilchen verursacht, die zur selben Familie wie das Photon und das W-Boson gehören. Die Theoretiker sehen hinter diesen Ideen schon ein fernes Ziel am Horizont: „If these speculations are born out by further theoretical and experimental work, we shall have moved a long way toward a unified view of nature[42]." Nun, so wird man einwenden, zu einem vollkommen einheitlichen Bild der Natur gehört natürlich noch der Einschluß der Gravitationskraft. Eine vollständige Theorie der Materie muß sämtliche empirisch bekannten Wechselwirkungstypen auf *eine Universalkraft* zurückführen, die durch eine einzige Koppelungskonstante gekennzeichnet ist, wobei die Theorie selbst auch den numerischen Wert der Konstanten berechnen können sollte. Das Haupthindernis für dieses Ziel ist gegenwärtig noch der Einschluß der Schwerkraft. Zwar paßt sie von ihrer inneren Struktur her ausgezeichnet in das Schema

---

[41] S. Weinberg, a.a.O., S. 58.
[42] Ebenda.

der Eichfelder, aber bis jetzt sind alle Versuche, eine Quantentheorie der Gravitation zu konstruieren, an dem Problem der Divergenzen, der Nichtrenormierbarkeit, gescheitert.

VI.

Wir haben im vorigen Abschnitt die physikalische Teilvereinheitlichung, vor allem die einheitliche Eichtheorie, deshalb relativ ausführlich geschildert, weil sich an ihr die verschiedenen Vorteile einer Einheitssuche besonders gut studieren lassen. Zweifellos ist die Extrapolation erlaubt, daß auch eine weitaus stärkere Vereinheitlichung interdisziplinärer Art nicht nur pragmatische Vorteile bei der ökonomischen Handhabung der Theorien bringen würde, sondern einen echten erkenntnistheoretischen Fortschritt bedeutete. Die Einheit der Wissenschaft im Sinne der Einheit der Gesetze ist daher schon deshalb erstrebenswert, weil man auf diese Weise zu erklärungsstärkeren Theorien gelangt. Dies kann man sehr deutlich exemplifiziert sehen an dem Zusammenhang zwischen dem empirischen Befund der schwachen neutralen Ströme einerseits und der behaupteten Existenz des Z_o-Bosons sowie der einheitlichen Eichtheorie von schwacher und elektromagnetischer Wechselwirkung andererseits. Eine einheitliche Theorie der Materie, die zumindest die drei Kräfte außerhalb der Gravitation berücksichtigt, ist demgemäß nicht nur lediglich von praktischem Wert, weil es gewissermaßen ästhetisch befriedigender ist, eine fundamentale statt dreier abgeleiteter Theorien zu handhaben; sie ist im echten Sinne fruchtbar, weil die neuen hochrangigen Gesetze bis dato noch nicht bekannte Phänomenklassen aufschließen können. Hingegen enthält gerade die Behauptung der Irreduzierbarkeit, d. h. also die Schichthypothese im starken Sinne eine Erkenntnisblockade. Wenn man davon überzeugt ist, daß die einzelnen Ebenen durch absolut autonome Klassen von Gesetzen und Relationen gekennzeichnet sind, die miteinander in *keiner* Beziehung stehen, können die Phänomene, die aus der Wechselwirkungsbeziehung zwischen den beiden Schichten entstehen, niemals eruiert werden. Wenn aber umgekehrt eine Mikroreduktionsvermutung falsch war, so stiftet dies keinen Schaden. Das Fehlen der entsprechenden Klasse von Phänomenen wird auf die Dauer dafür sorgen, daß diese Gedankenlinie nicht weiter verfolgt wird.

Methodologisch gesehen entspricht die Einheitssuche dem demokritischen Programm, einer Tendenz, von der man durch historische Analyse der erfolgreichen Theorien feststellen kann, daß immer wieder gerade jene Theorien besonderen Erfolg hatten, welche versuchten, verschiedenartige Klassen von Phänomenen mit Hilfe von unsichtbaren Mikrostrukturen zu verbinden, wobei qualitativ identische Teile und ihre raumzeitlichen Beziehungen zu Hilfe genommen wurden, um den grob-sinnlichen Charakter der diversen Bereiche zu erklären. *Demokrit* war noch der Meinung, durch seine Mikrokonstituenten den gesamten Erfahrungsbereich einschließlich des Erkenntnisprozesses erfassen zu können. Aber auch das viel restriktivere Programm einer reinen Materietheorie zeigt sich als eines, das mit der Elimination redundanter Begriffselemente verbunden ist: „We need fewer, not newer concepts, must somehow fuse or excise redundant structural elements in the present hodge-podge theory[43]." Was *Finkelstein* hier für sein Prozeßkonzept der Quantenkosmologie ausspricht, kann man zweifellos bezüglich der Gültigkeit erweitern.

Das Anstreben einer Einheit der Wissenschaft, einerseits im beschränkten Rahmen der Einzeldisziplinen, aber auch als Fernziel für das gesamte Unternehmen Forschung, ist nicht nur ein heuristischer Motor für eine ökonomische Wissenschaftspraxis, sondern ein unabdingbares Ziel der Erkenntnis.

---

[43] D. Finkelstein and G. McCollum: Unified Quantum Theory. In: Quantum Theory and the Structures of Time and Space. (Ed. Costell, Driescher, C. F. von Weizsäcker), München 1975, S. 17.

Verzeichnis der Mitarbeiter

Dörner, Dietrich, Dr. phil., Professor für Pädagogische Psychologie, Universität Gießen

Gans, Werner, Dr. Dipl.-Chem., Assistent am Laboratorium für physikalische Chemie, Eidg. Techn. Hochschule, Zürich

Kanitscheider, Bernulf, Dr. phil., Professor für Philosophie der Naturwissenschaften, Zentrum für Philosophie und Grundlagen der Wissenschaft, Universität Gießen

Kiefer, Jürgen, Dr. rer. nat., Professor für Biophysik, Strahlenzentrum, Universität Gießen

Kochanski, Zdzislaw, Dr. phil., Professor für Philosophie der Biowissenschaften, Zentrum für Philosophie und Grundlagen der Wissenschaft, Universität Gießen

Link, Ewald, Dr. theol., Professor für Fundamentaltheologie und Dogmatik, Universität Gießen

Primas, Hans, Dr., Professor für physikalische und theoretische Chemie, Laboratorium für physikalische Chemie, Eidg. Techn. Hochschule, Zürich

MIX
Papier aus verantwortungsvollen Quellen
Paper from responsible sources
FSC® C105338

FSC
www.fsc.org

Printed by Libri Plureos GmbH
in Hamburg, Germany